多粒度大数据分析方法：
以引领树和云模型为例

徐　计　王国胤　李天瑞　邓伟辉　著

北　京

内 容 简 介

在大数据时代,数据的获取、传输和存储融入了人类生产生活的方方面面,而大数据核心价值体现为人们对数据的分析、理解与应用。面对如此海量、高速和异构的数据,仅靠人类的认知和理解能力远不能满足价值发现的需要。同时,计算机总是针对最细粒度数据进行迭代优化的求解模式在特定场景下也不能满足数据分析的时限需求。粒计算作为一种模拟人类知识表示和问题求解的近似数据分析范式,其优点在于解决问题时能够选择合适粒度,达到求解精度和计算时效的最佳平衡。所以,粒计算通常能够以更高的效率获得"有效解"。本书以引领树和云模型作为数据多粒度表示的基本方法,系统地展示了引领树和云模型在大数据多粒度聚类、数据流即时聚类、半监督学习和时间序列预测等大数据分析场景中的理论研究成果及应用案例。

本书可供计算机科学与技术、数据科学与大数据技术、智能科学与技术、软件工程、自动化、管理科学与工程等相关专业高年级本科生和研究生及教师和工程技术人员参考。

图书在版编目(CIP)数据

多粒度大数据分析方法: 以引领树和云模型为例/徐计等著. —北京: 科学出版社, 2023.9

ISBN 978-7-03-074985-7

Ⅰ. ①多… Ⅱ. ①徐… Ⅲ. ①数据处理–研究 Ⅳ. ①TP274

中国国家版本馆 CIP 数据核字(2023)第 042040 号

责任编辑: 叶苏苏　程雷星 / 责任校对: 杨聪敏
责任印制: 罗　科 / 封面设计: 义和文创

科学出版社 出版
北京东黄城根北街 16 号
邮政编码: 100717
http://www.sciencep.com

四川煤田地质制图印务有限责任公司 印刷
科学出版社发行　各地新华书店经销

*

2023 年 9 月第 一 版　开本: B5 (720×1000)
2023 年 9 月第一次印刷　印张: 12
字数: 209 000

定价: **169.00 元**
(如有印装质量问题, 我社负责调换)

序

我曾于 2017 年 11 月外审徐计的博士学位论文,因其学位论文规范、完整与前沿而留有印象。后来得知徐计博士从中等师范起步,历经贵州教育学院成人教育专科、北京交大计算机专业普通高等教育本科、天津师大硕士,最终以优秀成绩通过西南交大计算机专业博士答辩,其奋斗历程令人感动!本书的其他两位作者王国胤和李天瑞教授,是我的资深同行和朋友。

当前,大数据与人工智能的研究热潮影响了全球各相关领域,以大数据和大算力作为基础的大模型在感知和部分推理问题上性能优异,但大模型在特定场景下并不能完全取代小模型。本书所介绍的引领树和云模型就属于这类小模型。引领树是徐计博士在王国胤和李天瑞两位教授的指导下,受密度峰值聚类方法启发而提出的一种信息粒表示方法,刻画了邻域内各数据点之间的偏序关系,在多粒度大数据聚类、数据流聚类、大数据半监督学习等大数据分析任务中有着创新性的运用。云模型是由李德毅院士创立的一种不确定性知识表示和推理模型,它有机结合了概率论和模糊数学这两种主要的不确定性数学工具,可以揭示概念的随机性、模糊性以及随机性和模糊性之间的关联。在王国胤教授的指导下,本书的另一位作者邓伟辉博士将云模型创新性地运用于时间序列的表示与预测研究。

总之,本书系统地介绍了引领树和云模型在大数据分析中的基础理论和应用研究成果,为对大数据分析感兴趣的初学者提供了部分相关知识和研究经验,有助于激发读者将这些逻辑关系清晰的微观结构与大模型结合的研究兴趣,也有望使更多的人工智能从业者和研究人员受益。

谨以此为序,不当之处敬请原谅。

于 剑

北京交通大学

前　言

自人类社会进入大数据时代以来，数据科学不管作为独立科学门类还是与其他学科交叉融合，其基础理论研究与产业应用发展均方兴未艾。2020 年 4 月 9 日，《中共中央　国务院关于构建更加完善的要素市场化配置体制机制的意见》中明确提出数据成为生产要素之一。工业和信息化部 2021 年 11 月 30 日发布《"十四五"大数据产业发展规划》，提出到 2025 年，大数据产业测算规模突破 3 万亿元。不同于其他类型生产要素的外在可用性，由于大数据具有价值稀疏的特点，其潜在价值的挖掘还需依赖于机器学习、符号推理等智能数据分析手段。多粒度大数据分析方法借助实现粒计算思想的有效模型，从合适的粒度层次上开展大数据问题建模、信息知识表示与计算求解，在满足用户需求条件下获得计算效率和求解精度之间的最佳平衡，已经被学术界和产业界认定为是能够有效应对大数据"5V 特性"的最佳方法论之一。

引领树结构来源于基于密度峰值的聚类方法，它从宏观上刻画了相邻数据点之间的不平等关系：密度较低的数据点，其类簇（类别）标签将追随密度更高且离它最近的点。这种现象在自然界、人类社会普遍存在，因而具有哲学意义上的一般性。针对整个数据集可以构建一棵引领树，而将选定的中心节点从其父节点（如果有）断开，即可以得到一棵棵子树，每一棵子树中的节点就构成一个类簇。由于引领树结构的这种特殊性质，它特别适用于非迭代式的高效多粒度大数据分析，已经被运用于多粒度大数据聚类、数据流聚类、大数据半监督学习等典型的大数据分析问题中，并取得了较高的计算效率和准确性。

云模型是由我国李德毅院士创立的一种不确定性知识表示和推理模型，它有机结合了两种主要的不确定性数学工具——概率论和模糊数学，用以揭示概念的随机性、模糊性以及随机性和模糊性之间的关联，用期望、熵和超熵作为数字特征表示定性概念，并通过云变换实现定性概念 (概念内涵) 和定量数据 (概念外延) 之间的双向转换。时间序列数据是大数据在时间维度上的表现形式，时间序列数据挖掘是大数据分析的重要类型之一。运用云模型开展时间序列数据的多粒度表示与预测研究，具有语义明确、准确性高、鲁棒性强等优点，云模型已经发展成为一种时间序列分析的新兴模型。

　　全书共 8 章，第 1 章论述多粒度计算方法和大数据分析的相关研究现状，将粒计算思想应用于大数据分析的可行性分析和研究内容、研究方案等；第 2 章简述了本书需要的一些基础知识，包括密度峰值聚类、云模型和学习性能评价等；第 3 章介绍基于引领树的高效多粒度聚类，该方法的特点是在扁平聚类的基础上直接得到多粒度聚类的结果，而不需要"拆分"或者"聚合"过程；第 4 章介绍基于胖节点引领树和密度峰值的数据流聚类，该方法摆脱了"在线-离线"两个组件的系统结构，能够针对任意形状的流类簇实时提供聚类结果；第 5 章介绍基于局部密度的最优粒化方法和基于流形降维及地标点的信息粒描述子，该最优粒化方法不需要迭代优化过程而是直接以线性时间复杂性求得最优解；第 6 章介绍基于最优粒化和引领树的非迭代式标签传播算法，并结合分块矩阵技术和局部敏感哈希作为数据预处理开展大数据高效分类和回归分析；第 7 章介绍基于二维正态云的时间序列粒化降维，该方法基于"分解–计算–联合"三步策略的问题求解思路，符合人类认知中分析复杂问题的一般规律；第 8 章介绍了基于高斯云变换和模糊时间序列的多粒度水质预测模型，解决了相邻两个分区间边界区域的亦此亦彼不确定性问题。

　　本书第 1、第 2 章由徐计和王国胤撰写，第 3 章和第 7 章由徐计、王国胤和邓伟辉撰写，第 4~6 章由徐计、王国胤和李天瑞撰写，第 8 章由邓伟辉、王国胤撰写。全书由徐计和王国胤统稿。

　　本书得到了很多专家和同行的帮助，包括加拿大阿尔伯塔大学 Witold Pedrycz 教授、南京大学高阳教授、北京交通大学于剑教授、天津大学胡清华教授、复旦大学张军平教授、西南大学段书凯教授、重庆邮电大学张清华教授和于洪教授、中国科学院重庆绿色智能技术研究院尚明生研究员等，在此一并表示感谢！

　　本书的出版受到国家自然科学基金项目（No.61966005，61936001，62066049）的资助，在此表示衷心感谢。由于作者水平有限，书中难免存在不足之处，敬请读者批评指正（电子信箱：jixu@gzu.edu.cn）。

徐　计

贵州大学

本书常用记号

记号	含义
$X = (x_1, \cdots, x_N)$	数据集，x_i 表示第 i 个数据点
$D = \{d_{i,j}\}$	X 中点对之间的距离，$1 \leqslant i < j \leqslant N$
$C = (C_1, \cdots, C_K)$	聚类结果的 K 中心点的下标
$\rho = (\rho_1, \cdots, \rho_N)$	X 每个点的局部密度
$\delta = (\delta_1, \cdots, \delta_N)$	每个点到更高密度点的最短距离
$\boldsymbol{Q} = (q_1, \cdots, q_N)$	ρ 降序排序后的下标向量，即 $\rho_{q_1} \geqslant \rho_{q_2} \geqslant \cdots \geqslant \rho_{qN}$
$N_n = (N_{n_1}, \cdots, N_{n_N})$	每个点的更高密度最邻近的下标
$\gamma = (\gamma_1, \cdots, \gamma_N)$	ρ 和 δ 按元素相乘
$\mathrm{Cl} = (\mathrm{Cl}_1, \cdots, \mathrm{Cl}_N)$	X 的类簇标签
$L = (L_1, \cdots, L_N)$	X 的类别 (目标值) 标签
Ω_i	第 i 个信息粒

目　录

第 1 章 绪 论

信息技术渗透到人类生产和生活的各个领域，催生了相对独立于自然界和人类社会之外的第三元空间——数据空间。数据空间由来自不同渠道的多种类型数据构建而成。数据按照其产生的来源，大致可以分成三种：第一种是社会活动数据，它是关于人类社会各种活动的记录，如社交网络、电子商务、网上办公、个人移动通信等；第二种是自然测量数据，指的是对自然界（包括宏观世界和微观世界）各种实体和现象进行测量及记录而产生的数据，如天文学、气象学、生物学、高能物理等科学研究获得的数据；第三种是计算机程序生成的数据，这是一种较为独特的数据，它指为了某个特定的目的，由计算机根据算法和程序直接产生的数据。这类数据的特点是生成速度非常快，但由于其包含的信息可由原始程序加以解释，所以一般不需长期存放。典型的例子有通过计算机图形处理器生成的三维动画，或者运用随机算法生成的人工数据集等。根据国际数据公司（International Data Corporation，IDC）的预测，全球数字信息总量将在 2016~2025 年增长 10 倍，达到大约 163 ZB（$1ZB=2^{70}$ B）[1]。

面对如此浩瀚的数据海洋，全世界各个国家、各个领域研究人员都认识到大数据挖掘中蕴含的模式或规律具有巨大价值。与此同时，由于大数据具有体量巨大、增长迅速、结构多样、价值稀疏等特点，也给挖掘任务的主要承担者——信息技术领域的研究人员和工程技术人员，带来了前所未有的挑战。当现存的信息技术基础设施（计算机硬件、通信网络和系统软件等）都难以满足大数据存储、传输和分析等需求的时候，就需要结合自身的研究领域，分别从下一代网络、存储技术、中央处理器、图形处理器（graphics processing unit，GPU）并行计算、编程语言和计算模型等方面研发新的解决方案。

粒计算是一种关于问题描述和求解的方法论，它首先针对问题所处的客观世界建立起以用户为中心的概念，以便我们对待解决的问题形成抽象或概括的认识。以此为基础，在求解问题的过程中用粒度合适的"粒"作为计算对象，从而在保证获得所需精度的解的条件下，尽可能提高求解的时空效率。自 1997 年 Zadeh 发表第一篇关于信息粒度的文章[2] 以来，国内外研究人员对粒计算理论和模型进行了深入的研究，并与其他计算智能和机器学习的技术相结合，取得了丰硕的研究成果。

粒计算应用于大数据分析的第一步，就是构建多层次的信息粒结构[3]，经过这一过程得到的信息粒的粒度称为计算粒度。将信息粒结构作为输入，经过进一步的挖掘或学习，可以高效地得到一个问题的近似解。这个解也相应的有一个粒度，称为解的粒度。一般情况下，计算粒度和解的粒度并不一定相同，而是根据具体的学习算法存在一定的映射关系。发现这个映射关系具有重要意义，因为我们可以借助它来实现从解的粒度到计算粒度的反推，从而避免为了获取一个较粗粒度的解，在没有必要的细粒度上进行计算，造成计算资源浪费和求解时间延迟。

合适的粒度常常由问题本身及问题背景决定，这对设计基于粒计算的数据处理框架很重要。举一个关于时间的例子，X 先生问他的朋友 Y："你什么时候回国的?"回答这个问题所选择的时间粒度其实跟 Y 回国的时间到现在有多久密切相关。如果没超过一天，那么 Y 可能会说："昨天中午"；如果有十来天了，Y 可以说："上周"；再如果是 Y 回国好几年了，X 才得知消息，那么 "2019 年" 就可以是一个满意的答案了。注意到上面几个答案具有不同的粒度，分别是天、周和年。如果不采用合适的粒度，而是统一用计算机上常见的时间戳格式来回答，如 "2020 年 9 月 27 日下午 7 时 18 分"，就显得不合乎常理。

人工智能学科的诞生，是因为人们试图从人类思维和生物界的一些规律中得到启发，创建相应的计算模型，人工神经网络、基因计算、群体智能等都是成功的范例。粒计算作为问题求解的一种方法论，则在更高层次上模拟了人类的思维规律，将其运用到当前世界面临的大数据挑战中，并取得了一些不错的成果。

1.1 大 数 据

1.1.1 大数据的定义

为了应对数据规模快速增长带来的机遇和挑战，*Nature* 杂志在 2008 年 9 月 4 日率先提出 "大数据" 的概念 [4]。Gartner 公司将大数据定义为："大数据是巨量、高速和多样性的信息资源，它需要合算地、创新地进行信息处理以增强洞察力和决策力"。维基百科对大数据的定义是："大数据是这样大而复杂的数据集的汇集，以致使用当前的数据库管理工具和数据处理应用程序很难有效地处理它"。另外，国际商业机器公司 (International Business

Machines Corporation，IBM) 也从数据量大、增长快速和来源多样的角度对大数据进行了描述性定义。

根据上述定义，可以总结出大数据最基本的三个特征:

(1) 数据量大。虽然有人认为数据量大并非大数据本质，但提到大数据时，数据的大小通常都应该在 PB 到 EB 级，至少要在 GB 以上 [1]。

(2) 高速增长。每天都有大约 2.5 EB (2.5×10^{18}B) 的数据产生出来，目前世界上 90% 的数据都是在过去两年中产生的。除了数据量急剧增大，很多情况下还要求数据处理要 "及时" 甚至 "实时"。

(3) 结构多样。大数据中的数据结构多样，如有文本、声音、视频、传感器信号以及点击流数据等。通常一个综合的数据处理和分析任务中，会存在多种类型的数据，这使得任务难度大大增加。

以上三点就是公认的大数据 3V [volume (体量), velocity (速度), variety (多样性)] 特性。如果说大数据的特性还有第四个 V，那么对其含义就有不同的解释了。微软公司认为是 "价值" (value)，IBM 认为是 "真实性" (veracity)，还有学者认为是 "灵活性" (vitality)。吴信东教授提出了大数据的 HACE 法则 [5]，认为大数据的特征是异构 (heterogeneous)、自治 (autonomous)、复杂 (complex) 和演化 (evolving)。怀进鹏院士认为大数据计算具有近似性 (inexact)、增量性 (incremental) 和归纳性 (inductive) 的 3I 特征 [6]。

1.1.2 大数据处理研究现状

当前，有关大数据处理的研究可以归结为以下四个方面: 大数据处理范式、大数据处理算法、大数据处理平台以及大数据分析应用。其中，大数据处理范式是指研究者针对大数据与传统 "小数据" 的区别而从宏观上提出的数据处理基本原则，如李国杰教授的 "计算围绕数据转"、陈俊龙教授等总结的大数据技术和大数据处理方法学 [7]、李天瑞教授等提出大数据分析的 PICKT 解决方案 [8]，均属于大数据处理范式。大数据算法包括数据的共享、检索、学习挖掘等方面，其中学习和挖掘是本书的主题，我们稍后会重点介绍近年来最具代表性的大数据挖掘算法与模型。大数据处理平台包括 Apache 软件基金会资助的众多开源文件管理系统和数据管理与数据挖掘项目（如 Hadoop、MapReduce、Spark、Storm 等），以及近年来各个高校和互联网技术 (internet technology，IT) 厂商推出的深度学习框架（如 Tensorflow、Torch/Pytorch、Caffe、PaddlePaddle 等）。大数据分析应用是指结合实际生产生活场景，在数

---

[1] https://www.ibm.com/analytics/big-data-analytics.

据基础设施和问题建模、算法实现的基础上，开发出基于大数据的智能应用。

大数据算法包括数据的共享、检索、学习挖掘等方面。例如，Zhang 等 [9] 针对多模态数据 (文本和图像) 进行判别性结构化子空间学习，并以此为基础完成多模态信息检索；大数据共享中的广播问题是指将大块的数据从一个源节点广播到一组目标节点，优化目标是传输时间最短。Wu 等 [10] 将此问题建模为构造一棵最优锁步广播树 (lock step broadcast tree, LSBT)，该方法具有较低的时间复杂性，获得了更短的最长完成时间。由于本书关注大数据的挖掘和分析，因此我们重点调研一些这方面的相关算法，而对共享、检索和隐私保护等方面的工作不予展开。

Song 等 [11] 从理论分析和实验运行的角度综合比较了基于 MapReduce 框架的多种精确和近似 K 最近邻（K-nearest neighbor，KNN）算法实现，归纳总结了各种方法的优点、缺点和应用场合。Zhang 等 [12] 针对密度峰值聚类（density peak clustering，DPC）算法 [13] 需要先计算距离矩阵而妨碍其应用于大数据环境下的问题，使用局部性敏感哈希 (locality sensitivity Hashing, LSH) 方法 [14] 结合 MapReduce 编程模型，同时运用“非精确性”和“并行性”两种大数据处理方法论，使得 DPC 算法可以成功应用到大数据场景下。

近期，为了将大数据和算力的作用发挥到极致，国内外研究机构纷纷研发出参数达到千亿、万亿级的大模型，如 OpenAI 的 GPT-3 和北京智源人工智能研究院的“悟道”。大模型在文本、图片、音视频生成与识别等感知任务上达到了几乎与人类相当的水平。但是大模型相对于经典深度学习并没有颠覆性的进化，只是由于数据量和算力上的优势，获得了更强大的表征能力，从而在有限任务上达到了最佳性能。当使用 GPT-3 这样的语言大模型去尝试完成编程这种注重逻辑思维的任务时，只能正确解决测试集中 28.8% 的问题①，由此可见，大模型距真正的人工智能还有很长的路要走。

1.2   基于粒计算的大数据分析

1.2.1   粒计算概述

从哲学高度来看，粒度贯穿于人类对任何对象的认知、度量、概念形成和推理中。因此，在智能系统的设计中，粒度起着至关重要的作用 [15]。Zadeh 教授 1997 年就提出粒计算是模糊信息粒化、粗糙集理论和区间计算的超集，

---

① https://venturebeat.com/2021/07/18/openai-codex-shows-the-limits-of-large-language-models/.

同时是粒数学的子集。姚一豫教授概括地认为，粒计算是在解决问题的过程中使用"粒度"的所有理论、方法、技术和工具的"标签"[15]。粒计算并不是一个具体的模型或方法，而是一种方法论[16]。它包含了很多具体的模型，如模糊集、粗糙集、区间集、邻域系统、云模型、商空间等。

1. 粒的定义

粒是粒计算的基本要素，它是依照不可区分性或相似性聚集到一起的对象集合。集合中的子集、论域中的等价类、文章中的章节和系统的模块等，都是粒的例子[17]。此前的粒一般定义在论域上，对应于结构化数据中的行。我们认为，在列 (属性) 上也可以形成粒，具体的实现方法有属性选择和特征抽取等。

粒计算的第一步是确定具体粒化模型，然后相应地构建粒表示。可以从两个方向粒化：构建和分解。构建指的是将更细 (低层) 的粒合并成为较粗 (高层) 的粒；分解则相反，是将较粗 (高层) 的粒分解成更细 (低层) 的粒[17]。粒化的目的是从原始数据中得到合适于问题解决的粒。

钱宇华[18] 系统地研究了复杂数据的粒化机理。文献 [19] 中粒具有更广泛的含义，它包含了简单类型的信息粒，如不可区分或相似的类，以及复杂类型的功能粒，如决策规则集、分类器、聚类、agents 或 agents 组等。宏观上看，数据粒化算法包含以下两步[20]：① 合并最相容的两个粒为一个；② 重复 ① 直到满足一个抽象标准。粒化过程中有一点很关键，即两个对象可以划分到同一个粒内需要满足什么条件。这也是粒的相容程度的定义，这个相容程度可以基于相似性，也可以是密度驱动的。

2. 粒化方法

构建信息粒的主要方法有模糊信息粒化[2]、粗糙集近似[21]、商空间法[22,23]、基于聚类的粒化[18] 和云模型法[24,25] 等。下面分别简要介绍前四种模型，云模型在第 2 章介绍。

(1) 模糊信息粒化[2]。尽管清晰粒在很多方法和技术中非常重要，但粒度的模糊性更能体现人类处理信息的特征。粒的主要类型包含可能性的、真实性的和概率性的。广义约束是模糊信息粒化理论 (theory of fuzzy information granulation, TFIG) 的出发点，粒的特征是由定义它的广义约束来刻画的。TFIG 的主要推广模式有模糊化、粒化、模糊粒化。其中，模糊化和粒化的组合——模糊粒化尤为重要。利用模糊粒化，从变量、函数和关系出发，可以得到语言变量、模糊规则和模糊图。

(2) 粗糙集近似[21]。粗糙集研究中有两个相关的问题：信息粒化与近似。粒结构由论域中元素之间的相似性决定，"相似性"包含了简单的等价关系、容差关系、自反的二元关系、关系族、层次和邻域系统等。

(a) 简单的粒化和近似：在等价关系诱导的粗糙集近似中，由不可区分元素构成的每个等价类可以看作一个粒。但对于论域的任意子集，它可能不是恰好为某些等价类的并，这就需要引入上、下近似的定义。设 U 为论域，X 为 U 的任意子集，$[x]_E$ 为 x 的等价类，X 的下近似 $\underline{\mathrm{apr}}(X)$ 和上近似 $\overline{\mathrm{apr}}(X)$ 分别定义为

$$\underline{\mathrm{apr}}(X) = \bigcup \{[x]_E | x \in U, \ [x]_E \subseteq X\}$$
$$\overline{\mathrm{apr}}(X) = \bigcup \{[x]_E | x \in U, \ [x]_E \cap X \neq \varnothing\}$$

式中，$[x]_E = \{y| \ y \in U, \ xEy\}$。

(b) 层次粒化与近似：如前所述，两个对象要么有关系，要么没有。为了避免这种局限，可以使用其他类型的相似性。把简单粒结构放到一起，可以构成多层粒结构，其中每一层是一个简单的结构。嵌套的二元关系序列可以定义多粒度粗糙集近似。如果对所有的 $x \in U$，都有 $[x]_{E_1} \subseteq [x]_{E_2}$，且 $E_1 \subseteq E_2 \Longrightarrow \underline{\mathrm{apr}}_{E_2}(X) \subseteq \underline{\mathrm{apr}}_{E_1}(X) \subseteq X \subseteq \overline{\mathrm{apr}}_{E_1}(X) \subseteq \overline{\mathrm{apr}}_{E_2}(X)$，则称等价关系 E_1 比 E_2 细，意味着 E_1 能够构建的信息粒粒度比 E_2 细。

(3) 商空间法[22,23]。将不同的粒度世界与数学上的商集概念统一起来，用一个三元组 (X, f, T) 描述一个问题。X 表示问题的论域；$f(\cdot)$ 表示论域的属性，可用函数 $f: X \to Y$ 表示 (Y 为属性取值的集合)；T 表示论域的结构，指论域 X 中各元素的相互关系。问题的多粒度表示对应于不同的等价关系 R，对论域进行不同的划分。因此，划分就是构成多粒度表示的方法，可依据结果 Y 对 $X = f^{-1}(Y)$ 进行分类，也可直接对 X 进行分类。具体说，可以有下述划分法。

(a) 属性划分法，即将属性相同或相似的元素归为一类。

(b) 投影划分法。若元素 x 的属性函数是多维的，有 n 个属性函数分量 $f_1, f_2, \cdots, f_n$，若暂不考虑其中 i 个属性 $f_1, f_2, \cdots, f_i$，将 $f_{i+1}, f_{i+2}, \cdots, f_n$ 这 $n-i$ 个属性相同的元素归为一类。

(c) 结构划分法。把结构上或功能上关系密切的元素分为一类。

(d) 约束划分法。设有 n 个约束条件 $C_1, C_2, \cdots, C_n$，那么可按 C_i 进行划分。

(4) 基于聚类的粒化[18]。聚类的基本思想是先确定一种相似性度量，然

后使用某种方法对论域进行分割, 使得同一类簇中对象之间相似度尽量大而不同类簇的对象之间相似度尽量小。根据聚类结果的结构, 聚类可以分为划分聚类 (也称扁平聚类) 和层次聚类 (也称多粒度聚类)。

划分聚类得到一个论域上的划分。设论域 $U = \{x_1, x_2, \cdots, x_n\}$, 划分聚类得到 k 个类簇 $\{\omega_1, \omega_2, \cdots, \omega_k\}$, $1 < k < n$, 使得 $\omega_i \neq \varnothing, i = 1, 2, \cdots, k$; $\bigcup_{i=1}^{k} \omega_i = U$; $\omega_i \cap \omega_j = \varnothing$, $i, j = 1, 2, \cdots, k(i \neq j)$。每个对象归属性确定的聚类是清晰聚类, 与之相对的是模糊聚类, 即每个对象以不同的隶属度同时归属于不同的类。

层次聚类得到一个嵌套的树形结构, 即 $H = \{H_1, H_2, \cdots, H_Q\}$ $(Q \leqslant n)$, 对于 $\omega_i \in H_m$, $\omega_j \in H_l$, $i, j \neq i$; $m, l = 1, 2, \cdots, Q$, 如果 $m > l$, 则有 $\omega_i \subseteq \omega_j$, 或者 $\omega_i \cap \omega_j = \varnothing$。这里层次编号较小者为粗粒度层。

通过这两种聚类可以构建相应结构的信息粒。

除了以上四种, 还有其他的粒化方法, 如基于概念格 [26] 和基于邻域系统 [27] 等, 在此不再一一介绍。

1.2.2 粒计算在大数据分析中的优势

信息粒化旨在建立基于外部世界的、有效的、以用户为中心的概念, 同时简化人们对物理世界和虚拟世界的认识, 其可以高效地提供 "实用" 的非精确解 [15]。陈俊龙教授将粒计算列为驾驭大数据的第一方法 [7], 粒计算已经成为一种发展迅速的信息处理范式 [17]。

美国计算机研究协会计算社区联盟在《大数据的挑战与机遇》白皮书中给出了典型的大数据信息处理过程, 包括数据获取与存储、信息提取与清洗、数据集成/聚集/表示/查询处理、数据建模与分析和解释等阶段。上述大数据分析的各阶段都必须面对如下挑战: ① 异质性和不确定性; ② 数据规模; ③ 及时性; ④ 隐私保护; ⑤ 人工协同。

表 1.1 分析了利用多粒度智能计算是否可以应对大数据处理面临的挑战。

从表 1.1 可以看出, 粒计算对于大数据处理中面临的主要挑战均有着十分积极的作用。

在基于粒计算的大数据分析研究方向上, 近年来涌现了许多具有影响力的成果, 此处列举几项。运用粒化逻辑推理机, 可以在 Fashion-MNIST 数据集上实现关于时装图片的逻辑推理 [28]。受模糊粗糙集的启发, 在利用深度网络提取特征的基础上学习更好的树结构和分类器, 即可在有理论保证的前提下完成多粒度分类 [29]。在两幅图像特征点配对问题上, 依据尺度不变特征转

换（scale-invariant feature transform，SIFT）方法得到的特征点[30] 相似性
首先将两个特征点集组织成多层结构，在第一层上初始化的对应点作为下面
各更细粒度层的硬性约束，如此得到的配对方法具有更好的鲁棒性[31]。将类
簇表示为一个粒球，并将粒球依据连接两个类簇中心点的线段的平分线划分
成稳定区域和活动区域 (又进一步划分成几个环形区域)，这样就可以实现一
种加速的精确 K-means 算法[32]。

表 1.1　　粒计算应对大数据处理面临的挑战

挑战	粒计算是否能解决	理由
不确定性	适合	通过粒度变换实现确定信息和不确定信息的转换
异质性	配合解决	通过不同类型粒数据模型对不同的非结构数据（文本、音频、视频等）进行建模
数据规模	适合	信息粒结构是对最细粒度原始数据的抽象概要表示，大幅度减小了原有的数据规模
及时性	可以	在具体应用需求提出之前，先建立起面向邻域的粒结构。由于数据规模的减小，必将提高求解的时间效率
隐私保护	适合	信息粒结构可以隐藏细节信息。隐私信息一般以最细粒度原始数据的形式存在；粒化规避了隐私泄露的风险
人工协同	可以	将领域专家的知识表示为人工信息粒，添加到由原始数据产生的信息粒中；或将领域专家知识编码为高粒度形式化知识

1.2.3　大数据的粒计算分析框架

针对大数据的 3V 特性，提出大数据环境下的粒计算处理框架，如图 1.1
所示。大数据的 3V 特性在一轮中可按如下顺序处理：多样性 → 巨量性 →
高速性。当然，有的数据不同时具备这三种特性，框架中的组件可根据实际
情况取舍。

该处理框架包含了下列主要内容：

(1) 数据过滤和数据集成将分布式存储的异质数据进行转换、抽取、粒
化得到较为规范的数据表示，降低或消除其中的不确定性。

(2) 针对问题，使用粒计算“大伞”下的具体模型将原始数据粒化为合
适的粒，减小数据规模，并构建粒层结构。

(3) 使用其他机器学习方法，对信息粒进行数据挖掘或者机器学习。

(4) 将以上方法改造为分布式的、在线增量学习的版本，以提高学习速
度，满足大数据处理的及时性要求。

(5) 粒度的自由切换，需要考虑多个粒度层次上粒的分解与合并，还有
相应解的快速构建；对于某些特定问题，需要同时考虑多个粒度层次的信息，

使用 "跨粒度" 机制求解问题。

(6) 综合整个处理和分析的过程, 确定原始数据是否具有合适的粒度, 考虑原始数据的产生或采集是否需要调整及如何调整。

(7) 借鉴深度学习思想, 将关键处理流程调整为多层, 让具体参数 (如粒度粗细和粒层数量) 在学习中得到优化, 从而提高最终挖掘或学习性能。

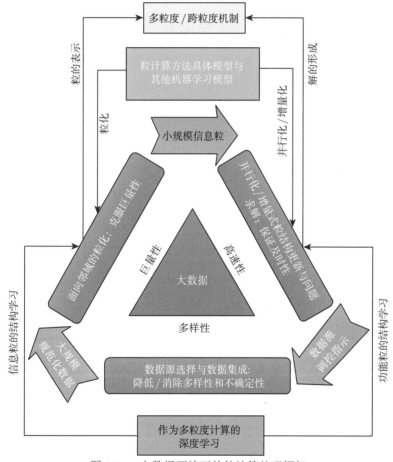

图 1.1   大数据环境下的粒计算处理框架

框架表明, 粒计算思想可以融入大数据处理流程 (数据获取 → 抽取/清洗 → 集成/表示 → 分析/建模 → 解释) 的每一个关键步骤中。

1.3   本 章 小 结

大数据的价值在于分析之后。总是从最细粒度出发开展大数据分析, 存在计算时间长、存储与通信开销大等局限性，将粒计算方法论引入大数据分析是非常直观而合理的选择。本书介绍的引领树结构和云模型都是粒计算的有效实现工具。本章介绍了大数据的基本概念、大数据分析的一些代表工作，以及粒计算应用于大数据分析的优势与处理框架。下一章将介绍全书的基础知识，特别是引领树和云模型的基本概念以及它们的构建方法。

参 考 文 献

[1] Reinsel D, Gantz J, Rydning J. Data age 2025: The evolution of data to life-critical [M]. White Paper, 2017, 2.

[2] Zadeh L A. Toward a theory of fuzzy information granulation and its centrality in human reasoning and fuzzy logic [J]. Fuzzy Sets and Systems, 1997, 90(2): 111–127.

[3] Pedrycz W, Homenda W. Building the fundamentals of granular computing: A principle of justifiable granularity [J]. Applied Soft Computing, 2013, 13(10): 4209–4218.

[4] Buxton B, Hayward V, Pearson I, et al. Big data: The next Google. Interview by Duncan Graham-Rowe. [J]. Nature, 2008, 455(7209): 8–9.

[5] Wu X D, Zhu X, Wu G Q, et al. Data mining with big data [J]. IEEE Transactions on Knowledge and Data Engineering, 2014, 26(1): 97–107.

[6] 怀进鹏. 大数据及大数据的科学与技术问题 [EB/OL]. https://www.31huiyi.com/newslist_article/article/818587840, 2022.

[7] Chen C P, Zhang C Y. Data-intensive applications, challenges, techniques and technologies: A survey on big data [J]. Information Sciences, 2014, 275: 314–347.

[8] Li T, Luo C, Chen H, et al. PICKT: A solution for big data analysis [C]. International Conference on Rough Sets and Knowledge Technology, 2015.

[9] Zhang L, Ma B, Li G, et al. Cross-modal retrieval using multi-ordered discriminative structured subspace learning [J]. IEEE Transactions on Multimedia, 2016, 19(6): 1220–1233.

[10] Wu C J, Ku C F, Ho J M, et al. A novel pipeline approach for efficient big data broadcasting [J]. IEEE Transactions on Knowledge and Data Engineering, 2016, 28(1): 17–28.

[11] Song G, Rochas J, El Beze L, et al. K nearest neighbour joins for big data on mapreduce: A theoretical and experimental analysis [J]. IEEE Transactions on Knowledge and Data Engineering, 2016, 28(9): 2376–2392.

[12] Zhang Y, Chen S, Yu G. Efficient distributed density peaks for clustering large data sets in mapreduce [J]. IEEE Transactions on Knowledge and Data Engineering, 2016, 28(12): 3218–3230.

[13] Rodriguez A, Laio A. Clustering by fast search and find of density peaks [J]. Science, 2014, 344(6191): 1492.

[14] Datar M, Immorlica N, Indyk P, et al. Locality-sensitive hashing scheme based on p-stable distributions [C]. Proceedings of the 20th Annual Symposium on Computational Geometry, ACM, 2004: 253–262.

[15] Yao Y Y, et al. Granular computing: Basic issues and possible solutions [C]. Proceedings of the 5th Joint Conference on Information Sciences, 2000.

[16] 苗夺谦, 李德毅, 姚一豫, 等. 不确定性与粒计算 [M]. 北京: 科学出版社, 2011.

[17] Yao J T, Vasilakos A V, Pedrycz W. Granular computing: Perspectives and challenges [J]. IEEE Transactions on Cybernetics, 2013, 43(6): 1977–1989.

[18] 钱宇华. 复杂数据的粒化机理与数据建模 [D]. 太原: 山西大学, 2011.

[19] Skowron A, Wasilewski P. Information systems in modeling interactive computations on granules [J]. Theoretical Computer Science, 2011, 412(42): 5939–5959.

[20] Panoutsos G, Mahfouf M. A neural-fuzzy modelling framework based on granular computing: Concepts and applications [J]. Fuzzy Sets and Systems, 2010, 161(21): 2808–2830.

[21] Yao Y Y. Information granulation and rough set approximation [J]. International Journal of Intelligent Systems, 2001, 16(1): 87–104.

[22] 张燕平, 张铃, 吴涛. 不同粒度世界的描述法——商空间法 [J]. 计算机学报, 2004, 27(3): 328–333.

[23] 张清华. 分层递阶粒计算理论及其应用研究 [D]. 成都: 西南交通大学, 2009.

[24] Liu Y, Li D, He W, et al. Granular computing based on Gaussian cloud transformation [J]. Fundamenta Informaticae, 2013, 127(1-4): 385–398.

[25] Deng W, Wang G, Xu J. Piecewise two-dimensional normal cloud representation for time-series data mining [J]. Information Sciences, 2016, 374: 32–50.

[26] 杜伟林, 苗夺谦, 李道国, 等. 概念格与粒度划分的相关性分析 [J]. 计算机科学, 2005, 32(1): 182–187.

[27] 胡清华, 于达仁, 谢宗霞. 基于邻域粒化和粗糙逼近的数值属性约简 [J]. 软件学报, 2008, 19(3): 640–649.

[28] Guo Q, Qian Y, Liang X. Glrm: Logical pattern mining in the case of inconsistent data distribution based on multigranulation strategy [J]. International Journal of Approximate Reasoning, 2022, 143: 78–101.

[29] Wang Y, Hu Q, Zhu P, et al. Deep fuzzy tree for large-scale hierarchical visual classification [J]. IEEE Transactions on Fuzzy Systems, 2019, 28(7): 1395–1406.

[30] Lowe D G. Distinctive image features from scale-invariant keypoints [J]. International Journal of Computer Vision, 2004, 60(2): 91–110.

[31] Sun K, Tao W, Qian Y. Guide to match: Multi-layer feature matching with a hybrid Gaussian mixture model [J]. IEEE Transactions on Multimedia, 2019, 22(9): 2246–2261.

[32] Xia S, Peng D, Meng D, et al. A fast adaptive K-means with no bounds [J]. IEEE Transactions on Pattern Analysis and Machine Intelligence, 2022, 44(1): 87–99.

第 2 章　预 备 知 识

本章将简要介绍引领树和云模型的相关知识，以及大数据分析常见任务——聚类、分类和回归的评价指标。

2.1　基于密度峰值的聚类

意大利学者 Rodriguez 和 Laio 于 2014 年在 *Science* 上发表了一篇文章，该文章提到一种综合考虑局部密度和 (到更高密度点的) 距离的聚类方法 [1]。该方法算法简单、易于理解，并且具有很高的准确性和执行效率，受到研究者广泛关注。

首先基于密度峰值聚类 (DPC) 提出一个合理的假设，然后按照这个假设找出聚类的中心，最后使用非迭代的"链式传递"方式为每个非中心数据点指派类簇标记。其特点是通过经验性和启发式规则代替迭代式目标函数优化，提高聚类效率。同时，"链式传递"方式使得 DPC 方法能够发现任意形状类簇。

DPC 方法首先提出一个假设，即聚类中心由密度比它更小的普通数据点 (区别于中心点) 包围，并且中心点与密度更大点的距离相对来说较长。下面将该假设分为两部分讨论其合理性。

(1) "聚类中心由密度比它更小的普通数据点包围"：该假设的合理性可以利用概率统计中的正态分布予以说明。如果说一个类簇对应一个概念 C，则 C 的外延必然有一个最具代表性的典型值，这个典型值在多维正态分布中就是随机变量的均值。由于正态分布中随机变量在均值附近取值的概率最大，因此，现实世界中类簇中心点处的样本必然最为密集、中心点的局部密度就必然高于外围点。由于正态分布普遍存在于自然界和人类社会中，因此这个假设是合理的。

(2) "中心点与密度更大点的距离相对来说较长"：承接上一部分假设，这部分假设可以从两方面来理解。一方面，运用逆向思维，如果一个中心点 x_c 到密度更大点 x_h 的距离很近，则 x_c 就不能成为中心点，而应该是围绕在 x_h 周围的普通数据点。所以说，中心点到密度更大点的距离必须较远。另一方面，仍然从概率统计的角度来看，一个类簇既然代表了一个概念的随机实现，那么 x_c 的密度大小可因随机试验次数多少而变化，即尽管某些 x_c 的密度可能小于其他中心，但只要它的周围围绕着一些密度更小的数据，并且它离其他概念生成的大密度数据较远，那么这样的 x_c 也必定是一个类簇中心。

2.1.1   DPC 中心的特征

以上述合理假设为出发点，提出了两个计算简单的度量：一个是局部密度 (记为 ρ)，另一个是到更大密度点的最近距离 (记为 δ)。第一个度量 ρ 定义为

$$\rho_i = \sum_{j \neq i} \chi(d_{i,j} - d_c) \quad \text{其中,} \chi(x) = \begin{cases} 1, & x < 0 \\ 0, & x \geqslant 0 \end{cases} \tag{2.1}$$

式中，d_c 为截断距离。截断距离的含义是：针对任意一个数据点 x，在以 x 为中心、d_c 为半径的超球体内部的其他数据点对 x 的密度有贡献，而在该超球体外面的数据对 x 的密度贡献随距离增大而迅速减小，直至为零。计算局部密度更常用的是高斯核：

$$\rho_i = \sum_{j \neq i} \exp\left(-\left(\frac{d_{i,j}}{d_c}\right)^2\right) \tag{2.2}$$

在 Rodriguez 和 Laio 提供的实现方法中，使用的是式 (2.2)。

将向量 $(\rho_1, \rho_2, \cdots, \rho_N)$ 按降序排序得到下标向量 $\boldsymbol{Q} = (q_1, q_2, \cdots, q_N)$，则第二个度量 δ 的计算如下：

$$\delta_{q_i} = \begin{cases} \min_{j < i}\{d_{q_i, q_j}\}, & i \geqslant 2 \\ \max_{j \geqslant 2}\{d_{q_i, q_j}\}, & i = 1 \end{cases} \tag{2.3}$$

2.1.2   中心点和异常点特征

根据方法假设和两个度量，DPC 的中心点满足两个条件：

(1) 局部密度很大。

(2) 到最近的密度更大点的距离也很大。

为此，提出决策示意图供用户选择中心点，如图 2.1 所示。

图 2.1 中，数据点 1 和数据点 10 满足上述两个条件，因此被选择作为中心点。异常点的特征则是局部密度很小，且到最近的密度更大点的距离很大。根据这一特征，图 2.1 中的数据点 26 号、27 号和 28 号就是异常点。

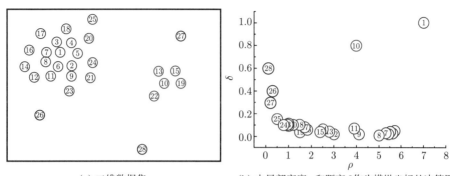

(a) 二维数据集　　　　(b) 由局部密度 ρ 和距离 δ 作为横纵坐标的决策图

图 2.1　决策图示意图 [1]

2.1.3　算法步骤

(1) 按照上文定义计算出各个数据点的 ρ 和 δ 参数值。

(2) 计算数组 $\boldsymbol{N_n}$，用于指示每个数据点的更大密度最近邻 ①，其形式化描述为

$$N_{n_i} = \begin{cases} 0, & i = q_1 \\ j, & \delta_i = d_{i,j} \end{cases} \tag{2.4}$$

(3) 交互式选取 ρ 和 δ 都异常大的点作为聚类中心点。例如图 2.1 中，数据点 1 和数据点 10 很容易被用户圈定为中心点。

(4) 先把选择到的中心点类簇标签分别记为 $C_1, \cdots, C_K$，然后每个普通数据点都归到 N_{n_i} 所属的类簇，形式化描述为

$$\mathrm{Cl}_i = \begin{cases} k, i = C_k, k \in \{1, \cdots, K\} \\ \mathrm{Cl}_{N_{n_i}} \end{cases} \tag{2.5}$$

图 2.1 中，红色边框的数据点就被划归到和 10 号数据点一类，而蓝色边框的数据点都划归到和 1 号一类。

DPC 使用了一个称为 bord_rho 的参数来区分一个类簇中的核心和光晕点，光晕点是在一个类簇周围离中心较远且密度较小的点。光晕点有点类似但不是异常点，它仍然属于特定的类簇。由于一个点是否属于光晕点严重依赖于 d_c 的选取，本书中省略对核心和光晕点的讨论。

2.1.4　与其他聚类方法的对比分析

与之前存在的聚类方法 (如 K-means、DBSCAN、mean-shift 等) 相比，

---

① N_{n_i} 一定要先满足密度比 $\boldsymbol{X}_i$ 大，再从中找到距离 $\boldsymbol{X}_i$ 最近的。

DPC 具有如下优点。

(1) 概念形象直观，容易理解，实现方法简单。

(2) 计算效率高。除了计算距离矩阵需要 $O(n^2)$ 的时间复杂性以及对 ρ 排序需要 $O(n \log n)$ 外，其余操作均为线性时间复杂性，不包含任何迭代优化的步骤。

(3) 能够识别出任意形状的类簇。

(4) 不要求数据嵌入一个 n 维空间，只需要输入一个距离矩阵即可。

当然，正如"任何硬币都具有两面"一样，DPC 也有一些不足之处。

(1) 由于它缺乏优化的目标函数和迭代优化过程，因此不能从数学上保证最终的聚类结果是一个最优解。当然，这一局限性在第 5 章中，通过定义一个最优粒化的目标函数得到了一定程度的解决。

(2) DPC 的作者在文中说，对于较大的数据集而言，聚类结果对 d_c 是鲁棒的。这一结论是真实的，尤其在使用高斯核的情况下。但是如果数据集规模为中等或者小规模 (如只有几十到几百条数据)，则 d_c 的选择就必须能够适应数据的分布特征。

第 3 章将讨论选择 d_c 的启发规则以及给出参数敏感性分析，第 6 章中提出了等价 d_c 的概念。

2.2　云模型简介

云模型是由我国李德毅院士创立的不确定性知识表示和推理模型[2,3]，它可以揭示概念的随机性、模糊性以及随机性和模糊性之间的关联性，用期望、熵和超熵作为数字特征表示定性概念，并通过云变换实现定性概念 (概念内涵) 和定量数据 (概念外延) 之间的相互转换。

2.2.1　云模型的定义

云模型的定义如下[4]。

设 U 为一个用精确数值表示的定量论域，C 为 U 上的定性概念，若定量值 $x \in U$，且 x 是定性概念 C 的一次随机实现，x 对 C 的确定度 $\mu(x) \in [0,1]$ 是有稳定倾向的随机数，即 $\mu : U \to [0,1]$，$\forall x \in U, x \to \mu(x)$，则 x 在论域 U 上的分布称为云模型，简称为云，每一个 x 称为一个云滴。

云模型用期望 Ex、熵 En 和超熵 He 三个数字特征来表征一个概念，它们反映了定性概念 C 整体上的定量特征。其中，Ex 为云滴的概率分布中的数学期望；En 为 C 的不确定性度量，反映了 C 的随机性和某个样本隶属于 C 的模糊性或者确定度；He 为 En 的不确定性度量。

云模型有多种分类法[5]，按照实现的概率分布划分有高斯云（也称为正态云）、均匀云等，高斯云是最常见的云模型之一；按照结构划分有对称、组合云和聚合云等；按照阶数划分有一阶、二阶和高阶云等；按照维数划分有一维、二维和高维云等。使用云模型进行粒化的思路是使用逆向云发生器，从数据集中学习得到反映定性概念的数字特征集 $\{(\mathrm{Ex}_i, \mathrm{En}_i, \mathrm{He}_i)\}$，$i = 1, 2, \cdots, n$ [2]，将数据划分成 n 个粒概念，数量 n 决定了粒度的粗细。

2.2.2 高斯云模型

正态云是研究和应用最为广泛的一种云模型，与其对应的正态分布和正态隶属函数分别是概率统计和模糊数学中最常使用的概率分布和隶属函数。正态云的定义如下[5]。

设 U 为论域，C 为论域 U 上的一个定性概念，且 C 由三个数字特征表示：Ex、En 和 He，精确数值 $x \in U$ 是 C 的一次正态随机实现，并且 x 服从期望为 Ex、方差为 En'^2 的正态分布 $x \sim N(\mathrm{Ex}, \mathrm{En}'^2)$，其中 En' 是服从期望为 En、方差为 He^2 的正态分布 $\mathrm{En}' \sim N(\mathrm{En}, \mathrm{He}^2)$ 的一次随机实现，数值 x 隶属于 C 的确定度 $u(x)$ 满足

$$u(x) = \exp\left(-\frac{(x-\mathrm{Ex})^2}{2\mathrm{En}'^2}\right) \tag{2.6}$$

则 x 在 U 上的分布称为二阶正态云，简称正态云，每个 x 称为一个云滴。

上述定义中的论域空间可以是一维、二维或者高维，相对应的正态云称为一维正态云 $C(\mathrm{Ex}, \mathrm{En}, \mathrm{He})$、二维正态云 $C(E_x, E_y, \mathrm{En}_x, \mathrm{En}_y, \mathrm{He}_x, \mathrm{He}_y)$ 和高维正态云 $C(E_x, E_y, \cdots, \mathrm{En}_x, \mathrm{En}_y, \cdots, \mathrm{He}_x, \mathrm{He}_y, \cdots)$。当论域空间为一维时，Ex 是正态分布的数学期望，En 是 C 的不确定性度量，反映了论域中云滴的离散程度，He 是 En 的不确定性度量。曲线

$$y = u(x) = \exp\left(-\frac{(x-\mathrm{Ex})^2}{2\mathrm{En}^2}\right) \tag{2.7}$$

称为正态云 $C(\mathrm{Ex}, \mathrm{En}, \mathrm{He})$ 的期望曲线。当论域空间为二维时，期望 (E_x, E_y) 是二维正态云 $C(E_x, E_y, \mathrm{En}_x, \mathrm{En}_y, \mathrm{He}_x, \mathrm{He}_y)$ 在平面 XOY 上投影面积的形心，熵 $(\mathrm{En}_x, \mathrm{En}_y)$ 表示了 $C(E_x, E_y, \mathrm{En}_x, \mathrm{En}_y, \mathrm{He}_x, \mathrm{He}_y)$ 在两个坐标轴方向

上 "亦此亦彼性" 的裕度, 超熵 $(\mathrm{He}_x, \mathrm{He}_y)$ 反映了二维正态云在平面 XOZ 或者 YOZ 上投影的离散程度 (一维正态云的厚度)。曲线

$$z_1 = u(x) = \exp\left(-\frac{(x - E_x)^2}{2\mathrm{En}_x{}^2}\right), z_2 = u(y) = \exp\left(-\frac{(y - E_y)^2}{2\mathrm{En}_y{}^2}\right) \quad (2.8)$$

分别为二维正态云在平面 XOZ 和 YOZ 上投影形成的一维正态云的期望曲线。

例如, 对于一个定性概念 "25 岁左右", 假若给定 Ex = 25, En = 3, He = 0.3, 生成 2000 个一维云滴, 则云滴和确定度在二维空间中的联合分布云图如图 2.2(a) 所示; 假如我们用生理年龄和心理年龄两个属性来描述这个概念, 令 $E_x = E_y = 25$, $\mathrm{En}_x = \mathrm{En}_y = 3$, $\mathrm{He}_x = \mathrm{He}_y = 0.3$, 生成 2000 个二维云滴, 则云滴和确定度在三维空间中的联合分布云图如图 2.2(b) 所示。另外, 图 2.2(a) 还形象地展示了期望曲线和正态云三个数字特征 (Ex, En, He) 的实际意义。

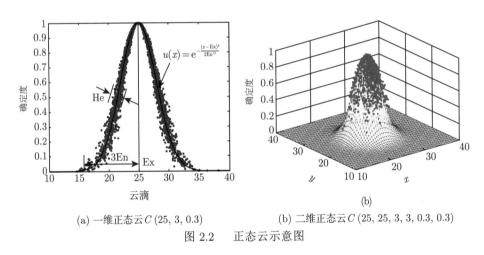

(a) 一维正态云 $C\,(25, 3, 0.3)$ (b) 二维正态云 $C\,(25, 25, 3, 3, 0.3, 0.3)$

图 2.2　　正态云示意图

与一般云模型一样, 正态云用三个数字特征 (Ex, En, He) 来定量描述一个定性概念, 通过正向正态云发生器 (forward normal cloud generator, FNCG) 和逆向正态云发生器 (backward normal cloud generator, BNCG) 实现某个定性概念与定量数值之间的不确定性相互转换。FNCG 算法实现由定性概念的 3 个数字特征 (Ex, En, He) 生成具有一定随机性的精确数据, BNCG 则是将定量的数据样本转换成由熵 Ex、熵 En 和超熵 He 表示的定性概念。相应的二维 FNCG 和 BNCG 分别简写为 T-FNCG 和 T-BNCG [5]。

经过 20 多年的研究发展，云模型已成功应用到数据挖掘[6-8]、智能优化算法[9,10]、智能决策与控制[11,12]、图像分割[2,13]、耕地保护政策评估[14] 等领域。例如，在智能决策与控制方面，李德毅院士[5] 将云模型理论中的云推理和云控制机制应用到三级倒立摆和汽车智能驾驶。在图像分割领域，刘玉超等[2] 利用高斯云变换算法分割识别图像中的过渡区和差异性目标；许昌林[13] 推导出一种新的云综合算法，并将其应用到图像分割问题中。

2.3 学习过程的效率评价

2.3.1 时间复杂性

算法的时间复杂性是指算法中基本操作执行的次数。时间复杂性的常用记号有 O、Θ 和 Ω。这三个记号分别对应于复杂性的上界、确界和下界，具体定义为[15]

$$O(g(n)) = \{f(n) : \exists c > 0,\ n_0;\ 0 \leqslant f(n) \leqslant cg(n), \forall n \geqslant n_0\} \qquad (2.9)$$

$$\Theta(g(n)) = \{f(n) : \exists c_1, c_2 > 0,\ n_0;\ 0 \leqslant c_1 g(n) \leqslant f(n) \leqslant c_2 g(n), \forall n \geqslant n_0\} \qquad (2.10)$$

$$\Omega(g(n)) = \{f(n) : \exists c > 0,\ n_0;\ 0 \leqslant cg(n) \leqslant f(n), \forall n \geqslant n_0\} \qquad (2.11)$$

此处仅解释式 (2.9) 的含义，其余两个记号可以类似地解释。$O(g(n))$ 复杂度表示的是一族函数 $f(n)$，存在一个大于 0 的常数 c 和 n_0，对大于 n_0 的输入规模 n，有 $0 \leqslant f(n) \leqslant cg(n)$ 成立。本书的时间复杂性分析中，主要使用 O 记号。

对于大数据分析来说，最为需要的是线性时间复杂性或者是接近线性时间复杂性的算法。如果线性时间复杂性不可得，那么运用粒计算模型，先将原始数据进行粒化以降低数据量是一个自然的想法。然而，粒化过程也需要考虑时间复杂性。针对体量巨大的原始数据，在时间约束严格的条件下，必须选择接近线性时间复杂性的粒化方法。

众所周知，时间复杂性常见的形式有 $O(n!) > O(a^n) > O(n^a) > O(n) > O(\log n)$ 等，其中，> 号表示复杂性由高到低排列。但是需要注意的是，O 记号省略了常数系数，并且它是一个上界函数。因此，程序真正运行的时候，并不一定是复杂性越高的运行时间就越长。运行时间往往还与数据特性 (决定了程序的执行路径) 和数据规模相关。基于此，本书中每一项具体的研究工作都包含了时间复杂性分析和实际运行时间的记录与比较。

2.3.2　空间复杂性

空间复杂性是指算法中需要的基本内存单元个数。空间复杂性可以采用与时间复杂性相同的近似记号。内存单元在大数据分析中是非常珍贵的资源，在设计大数据分析算法的时候，必须考虑对内存的需求。很多算法具有"用空间换时间"的思想，例如动态规划，在内存资源允许的情况下是值得提倡的。理想的空间复杂性也是线性或接近线性的，高于 $O(n^2)$ 空间复杂性的算法，其实用性将会严重降低。

样本间的距离矩阵就是 $O(n^2)$ 的空间复杂性。对于大数据场景而言，100万条数据并不算多。但是如果直接计算距离矩阵，考虑每条距离值用 4 个字节，就需要约 3.7 TB 的内存。这是普通的计算平台不能满足的。针对这种情况，可以使用的方法有：① 并行化，使用多台计算机组成集群，增加内存容量和计算能力；② 分解问题的求解过程，使用外存多次读写替代内存；③ 对原始数据集进行抽样或划分，降低每次算法运行的数据规模，最后进行各个子集学习结果的融合。

2.4　学习结果的准确性评价

2.4.1　聚类评价

聚类评价的指标很多，按照评价时是否依赖真实的类簇标签，可将这些评价指标分为内部评价指标和外部评价指标[16]。

1. 外部评价指标

外部评价指标需要有真实的类簇标签和学习得到的标签作为比较。常见的有纯度 (purity) [17]、调整兰德指数 (adjusted Rand index，ARI) [18,19] 和规范化互信息 (normalized mutual information，NMI)。这三个指标的定义分别是

$$\text{Purity} = \frac{\sum\limits_{i=1}^{K} \frac{|C_i^d|}{|C_i|}}{K} \times 100\% \qquad (2.12)$$

式中，K 为实际的类簇数目；符号 $|C_i^d|$ 为类簇 i 标签中，数量最多的、被赋予同一个类簇标记的数据点数目；$|C_i|$ 为真实类簇 i 中的数据点数目 i。

由于 Purity 具有偏向少类簇的局限性，所以研究人员又提出了 ARI 和 NMI，这两者的定义均基于列联表 (contingency table)，如表 2.1 所示。这里 $\boldsymbol{U} = \{U_1, U_2, \cdots, U_R\}$ 和 $\boldsymbol{V} = \{V_1, V_2, \cdots, V_C\}$，其中一个是学习得到的聚类结果，另一个是真实的类簇。

表 2.1　列联表

$\boldsymbol{U}$	$\boldsymbol{V}$				求和
	V_1	V_2	$\cdots$	V_C	
U_1	n_{11}	n_{12}	$\cdots$	n_{1C}	a_1
U_2	n_{21}	n_{22}	$\cdots$	n_{2C}	a_2
$\vdots$	$\vdots$	$\vdots$		$\vdots$	$\vdots$
U_R	n_{R1}	n_{R2}	$\cdots$	n_{RC}	a_R
求和	b_1	b_2	$\cdots$	b_C	$N = \sum_{ij} n_{ij}$

注: $n_{ij} = |V_i \bigcap U_j|$。

在列联表表示方法的基础上，ARI 定义为

$$\text{ARI} = \frac{\sum_{ij} C_{n_{ij}}^2 - \left(\sum_i C_{a_i}^2 \sum_j C_{b_j}^2 \right)/C_N^2}{\frac{1}{2} \left(\sum_i C_{a_i}^2 + \sum_j C_{b_j}^2 \right) - \left(\sum_i C_{a_i}^2 \sum_j C_{b_j}^2 \right)/C_N^2} \tag{2.13}$$

式中，$C_{n_{ij}}^2$ 为从 n_{ij} 个对象中取 2 个的组合数，其余类同。ARI 的值域为 $[-1, 1]$，值越大意味着聚类结果越准确。

同样，基于表 2.1，首先定义一个聚类划分的信息熵：

$$H(\boldsymbol{U}) = -\sum_{i=1}^R \frac{a_i}{N} \log \frac{a_i}{N} \tag{2.14}$$

以及两个聚类划分的互信息：

$$I(\boldsymbol{U}, \boldsymbol{V}) = \sum_{i=1}^R \sum_{j=1}^C \frac{n_{ij}}{N} \log \frac{n_{ij}/N}{a_i b_j / N^2} \tag{2.15}$$

则 NMI 的定义为

$$\text{NMI}(\boldsymbol{U}, \boldsymbol{V}) = \frac{I(\boldsymbol{U}, \boldsymbol{V})}{\sqrt{H(\boldsymbol{U})H(\boldsymbol{V})}} \tag{2.16}$$

NMI 的值域为 [0,1]，也是越大聚类结果越接近真实情况。

2. 内部评价指标

内部评价指标不需要真实标签作为参考，仅仅从聚类的目的出发，考察聚类结果类簇内部的紧致性和类簇间的分离性。内部评价指标种类繁多，仅文献 [16] 中列出的就多达 12 种，这还不是全部。这里，仅介绍比较常用的两种：Davies-Bouldin 指数 (Davies-Bouldin index, DBI) 和轮廓指数 (silhouette index, SI)：

$$
\begin{aligned}
&\mathrm{DBI} \\
&= \frac{1}{N_C} \sum_i \max_{j,j \neq i} \left\{ \left[\frac{1}{n_i} \sum_{x \in C_i} d(x, c_i) + \frac{1}{n_j} \sum_{x \in C_j} d(x, c_j) + \right] / d(c_i, c_j) \right\}
\end{aligned}
\tag{2.17}
$$

$$
\mathrm{SI} = \frac{1}{N_C} \sum_i \left\{ \frac{1}{n_i} \sum_{x \in C_i} \frac{b(x) - a(x)}{\max[b(x), a(x)]} \right\}
\tag{2.18}
$$

这里，

$$
a(x) = \frac{1}{n_i - 1} \sum_{y \in C_i, y \neq x} d(x, y), \quad b(x) = \min_{j, j \neq i} \left[\frac{1}{n_i} \sum_{y \in C_i} d(x, y) \right]
\tag{2.19}
$$

式中，n_i 为第 i 个类簇的数据点规模；N_C 为类簇数目；C_i 为第 i 个类簇；c_i 为第 i 个类簇的中心；$d(x, y)$ 为两个数据点 x 和 y 之间的距离。

2.4.2　分类评价

对于平衡分类问题，即各个类别的样本数量大致相等，可以简单地采用准确率 (accuracy) 进行评价。分类问题中准确率的定义为

$$
\mathrm{Accuracy} = N_{\mathrm{correct}} / N
\tag{2.20}
$$

式中，N_{correct} 为正确分类的样本总数；N 为总样本数。

对于不平衡分类问题，各个类别样本的数量相差很大。这时，简单地将所有样本分为最多的一类就可以达到很高的准确率，因此这种情况仍然使用准确率显然不合适。基于混淆矩阵定义的查准率 (precision)、查全率 (recall) 和 F_1-度量较好地解决了这个问题。混淆矩阵如表 2.2 所示[20]。针对分类结果中的每个类别，把本类当作正例 (标记为 1)，其他所有类别都标记为反例

(标记为 0),即可按如下的定义计算每个类别的查准率 P、查全率 R 和 F_1-度量[20]:

$$P = \text{TP}/\hat{N}_+, \ R = \text{TP}/N_+, \ F_1 = 2PR/(P+R) \tag{2.21}$$

表 2.2   混淆矩阵

		真实值		Σ
		1	0	
预测值	1	TP	FP	$\hat{N}_+$=TP+FP
	0	FN	TN	$\hat{N}_-$ = FN+TN
	Σ	N_+=TP+FN	N_-=FP+TN	N=TP+FP+TN+FN

除了以上指标,另两个常见的分类结果评价方法是接受者操作特性 (receiver operating characteristic,ROC) 曲线和 ROC 的曲线下面积 (area under the curve,AUC)[20]。ROC 曲线使用真正率 (TPR=TP/N_+) 作为纵坐标和假正率 (FPR=FP/N_-) 作为横坐标绘制得到。这两个评价方法不便于直接用数字表示,一般使用可视化的方法作直观比较。由于篇幅关系,在此不再详述。

2.4.3 回归分析评价

回归分析的评价比较直接,总体来说是考察真实值与预测值之间的误差分布。最为常用的是均方根误差 (root mean squared error,RMSE),其定义为

$$\text{RMSE} = \sqrt{\frac{\sum_i (y_i - \hat{y}_i)^2}{n}} \tag{2.22}$$

还有几个与 RMSE 密切相关的指标,如均方差 (mean squared error,MSE),定义为 MSE = RMSE^2;和方差 (summation of squared error,SSE),定义为 SSE = $n \times$ MSE;等等。这几个指标可以视具体情况选用。

2.5   本 章 小 结

本章简要介绍了与后面章节密切相关的一些预备知识。包括密度峰值聚类方法、云模型、学习过程的时间复杂性和空间复杂性评价。针对聚类、分类和回归,分别介绍了对应的学习结果准确性评价指标。

参 考 文 献

[1] Rodriguez A, Laio A. Clustering by fast search and find of density peaks [J]. Science, 2014, 344(6191): 1492–1496.

[2] Liu Y, Li D, He W, et al. Granular computing based on Gaussian cloud transformation [J]. Fundamenta Informaticae, 2013, 127(1-4): 385–398.

[3] Deng W, Wang G, Xu J. Piecewise two-dimensional normal cloud representation for time-series data mining [J]. Information Sciences, 2016, 374: 32–50.

[4] 王国胤, 李德毅, 姚一豫, 等. 云模型与粒计算 [M]. 北京: 科学出版社, 2012.

[5] 李德毅, 刘常昱, 杜鹢, 等. 不确定性人工智能 [M]. 北京: 国防工业出版社, 2005.

[6] 杨朝晖, 李德毅. 二维云模型及其在预测中的应用 [J]. 计算机学报, 1998, 21(11): 9.

[7] 杜鹢, 李德毅. 一种测试数据挖掘算法的数据源生成方法 [J]. 计算机研究与发展, 2000, 37(7): 7.

[8] 杜鹢, 李德毅. 基于云的概念划分及其在关联采掘上的应用 [J]. 软件学报, 2001, 12(2): 8.

[9] 张光卫, 何锐, 刘禹, 等. 基于云模型的进化算法 [J]. 计算机学报, 2008, 31(7): 10.

[10] 刘禹, 李德毅, 张光卫, 等. 云模型雾化特性及在进化算法中的应用 [J]. 电子学报, 2009, 37(8): 1651–1658.

[11] 李德毅. 三级倒立摆的云控制方法及动平衡模式 [J]. 中国工程科学, 1999, 1(2): 6.

[12] 李众, 杨一栋. 基于混合维云模型定性推理的调距桨螺距控制 [J]. 南京航空航天大学学报, 2003, 35(2): 6.

[13] 许昌林. 基于云模型的双向认知计算方法研究 [D]. 成都: 西南交通大学, 2014.

[14] Lu X, Zhang Y, Zou Y. Evaluation the effect of cultivated land protection policies based on the cloud model: A case study of Xingning, China [J]. Ecological Indicators, 2021, 131: 108247.

[15] Cormen T H. Introduction to Algorithms [M]. Cambridge: MIT Press, 2009.

[16] Aggarwal C C, Reddy C K. Data Clustering: Algorithms and Applications [M]. Boca Raton: CRC Press, 2014.

[17] Aggarwal C C, Han J, Wang J, et al. A framework for projected clustering of high dimensional data streams [C]. Thirtieth International Conference on Very Large Data Bases, 2004.

[18] Hubert L, Arabie P. Comparing partitions [J]. Journal of Classification, 1985, 2(1): 193–218.

[19] Xuan V N, Epps J, Bailey J. Information theoretic measures for clusterings comparison: Is a correction for chance necessary? [J]. Journal of Machine Learning Research, 2010, 11(1): 2837–2854.

[20] Murphy K P. Machine Learning: A Probabilistic Perspective [M]. Cambridge: MIT Press, 2012.

第 3 章　基于引领树的高效多粒度聚类

3.1　引　　言

聚类是一种通用的数据分析方法，同时也是一种具有丰富概念和算法的框架[1]。通过聚类，相似的对象被放到一个类簇中，而把不相似的对象隔离到不同的类簇中。换句话说，聚类算法需要同时最大化同一类簇内样本的相似性和最小化不同类簇间样本的相似性。

依据聚类结果的层次性，可以将聚类分为扁平聚类和多粒度聚类。扁平聚类 (某些文献中也称为划分聚类) 只返回单层上的类簇。扁平聚类简单高效，但也有相应的局限性。例如，如果获得的类簇数目太大的话，从人类认知的角度来讲就没有多大的意义。根据 Miller 的 "7 ± 2" 原则，人类只能同时注意到 5~9 个对象，短时记忆里也只能记忆 5~9 个数字[2]。因此，大量的类簇并不能使人们很好地理解数据。另外，现实世界中的某些数据集本来就具有层次属性，但是扁平聚类却不能反映这种事实。这些局限性可以通过多粒度聚类得以解决，因为多粒度聚类返回的是一个层次结构，比扁平聚类有更大的信息量[3]。传统的多粒度聚类包含两个方面：先在单层上得到一个聚类结果，然后在此基础上进行自底向上的合并或者自顶向下的拆分，从而得到多个层次上的类簇。但是，本章提出的多粒度聚类不属于这两类中的任何一类。我们的方法是，在每个层次上识别出潜在的所有中心点，然后将中心点在 "引领树" 中从它的父节点断开，原来的一棵树就变成了森林。森林中的每棵子树就对应一个类簇，从而得到各个层次上的聚类结果。

从粒计算的观点看，多粒度聚类就是为最细粒度的数据构建多粒度信息粒。当单纯的 DenPEHC 算法不能对海量高维数据进行聚类时，我们还设计了一个网格粒化框架来解决这一问题。网格粒化框架首先按照属性的语义对全部属性进行分组得到原有数据的垂直划分，再从垂直分块中通过水平抽样，把原来的海量高维数据划分成中等规模，进行分而治之的聚类。最后，对所有小块聚类的结果进行融合。

近年来有很多关于多粒度聚类的研究报道。这些研究工作可以分成两类：一类提出一种全新的聚类方法。Bouguettaya 等在一组中心点的基础上 (而不是基于原始数据) 构建聚类层次以提高聚合多粒度聚类的效率 [4]。de Morsier 等提出一种类簇验证度量来描述不同多粒度聚类方法所产生的聚类结果中核心点和离群点的分布,并且运用这种度量构建恰当的聚类层次结构 [5]。Santos 等提出一种使用子图的新聚类模型, 该模型使用熵近似矩阵刻画数据中理想的局部结构, 该方法自底向上构建层次结构 [6]。Shao 等提出了一种使用扩展 Kuramoto 模型 (该模型简要描述了动态同步过程) 的新聚类框架, 该框架能够最终获得划分聚类结果,并且将中间过程记录下来形成一个聚类层次 [7]。Qin 等扩展 C4.5 算法的增益比为平均增益比, 并用于类别数据聚类的属性选择。在每一轮中, 最新确定的类簇由最低信息熵决定, 整个聚类层次结构通过拆分的方式构建 [8]。Tang 和 Zhu 基于粒度空间上的模糊近似度讨论了多粒度聚类中的四个重要问题, 并为提出的新算法给出严格的数学分析 [9]。基于凝聚度的自合并算法通过定义一个"凝聚度"度量来表示类簇之间的距离。这种方法首先使用标准的 K-means 方法形成很多小的子类簇, 然后迭代地合并当前具有最高凝聚度的子类簇 [10]。Knowles 和 Ghahramani 通过扩展 Dirichlet 扩散树, 提出了用于 Bayesian 多粒度聚类的 Pitman Yor 扩散树 [11,12]。

另一类使用了组合或集成的思想。Mirzaei 和 Rahmati 提出了一个称为最小转移合并层次聚类（min-transitive combination of hierarchical clusterings, MATCH）的算法, 它可以组合多个表示多粒度聚类结果的树状图, 使之变成一个树状图。首先计算多个树状图对应的相似矩阵的最小传递闭包, 从而获得对应最终结果的融合矩阵 [13]。Rashedi 和 Mirzaei 提出 Bob-Hic 算法来改进多粒度聚类的性能, 其主要创新在于为数据样本计算"提升值"并且更新样本的权重 [14]。从粒计算的角度来看, 一个类簇可以看作是一个信息粒。除了多粒度聚类外, 还可以通过粗糙集、模糊集、商空间等模型为给定的数据集构建多粒度信息表示 [15]。一旦多粒度信息表示构建成功, 就可在其上开展很多后续的分析和挖掘。例如, 大数据环境下的有些复杂问题可以在较粗的粒层上求解, 由此提供一个"有效解"而非精确解, 因为精确解可能会因为计算量过大而超过时间限制 [16]。

两类方法都还存在着一些不足: 有的对于形状不鲁棒, 有的在构建最终的聚类层次时不够高效。

Rodriguez 和 Laio 提出的 DPC 可以对任意形状的数据集进行高效准确的聚类 [17]。该方法通过两个简单的度量选择中心点: 一个是局部密度; 另一个是到密度更大的最近邻的距离。把非中心点划归到聚类中心的过程非常高效,只需要时间复杂性 $O(n)$。但是 DPC 是一种扁平聚类,它只能返回单层上的聚类结果。此外,它在把数据点划分给中心点之前,需要用户交互式地选取两个度量都大的数据点。因此这种方式使得该方法使用不够方便,特别不能够迭代调用 DPC。本章提出一种基于密度峰值的高效多粒度聚类方法,简称为基于密度峰值的高效层次聚类 (density peak-based efficient hierarchical clustering,DenPEHC)。

通过利用 γ 参数的分布来改进 DPC,使之发展成为一种高效、准确和鲁棒的多粒度聚类方法。该方法可以自动检测到所有可能的中心点,也就自动确定了类簇的个数。如果给定的数据集本身存在着层次特征,则 DenPEHC 可以高效地构建出聚类的层次结构。作为 DenPEHC 的基础,本章还揭示了 DPC 的中间结果如何构成一棵"引领树"。除了引领树,研究人员从多个角度对 DPC 进行了完善和改进。针对单纯依靠密度峰值或密度连接性不能正确识别某些类簇的问题,Zhu 等提出了一种结合密度峰值和密度连接性的层次聚类方法[18]。使用拉普拉斯中心性(Laplacian centrality)代替局部密度的计算,再代入 DPC 的决策图框架,可以得到一种无须参数的聚类方法拉普拉斯中心性峰值聚类(Laplacian centrality peaks clustering,LPC)[19]。基于排序距离[20],计算紧致近邻,再由紧致近邻定义另外一种相似性度量和局部密度;根据紧致邻接的概念定义核心节点和连接规则,最终每一个连通分量就是一个类簇,西北工业大学聂飞平研究组提出了一种简便的可用于人脸标记的聚类方法[21]。傅顺等将引领树与 PageRank 定义的节点重要度结合,提出了一种多粒度的社区发现方法[22]。

DenPEHC 不能直接用于高维海量数据的聚类,因为大小为 $n \times (n-1)/2$ 的距离矩阵将会超过普通个人计算机的内存容量。另外,数据的高维度将会产生距离集中的问题[23]。本章提出的网格粒化,可以作为一种框架,使得任意一种聚类方法都可以对高维海量数据进行聚类。

本章其余内容安排如下:3.2 节描述 DenPEHC 算法,包括一些有关的讨论。3.3 节提出一种网格粒化的框架,使得基于距离的聚类方法可以应用于高维海量数据。3.4 节描述实验环境与数据集、实验结果以及关于结果的分析和讨论。3.5 节是本章小结。

3.2 DenPEHC 算法

本节详细叙述 DenPEHC 算法。3.2.1 节描述在 DPClust 观察到的重要现象，并概述我们的方法。关于自动选择中心点和确定每个层次上的中心的方法和算法在 3.2.2 节中描述。3.2.3 节介绍 DPC 中的引领树。3.2.4 节基于中心点自动选择、"台阶"识别和"引领树"结构分析，提出 DenPEHC 算法。3.2.5 节处理异常点检测的问题，3.2.6 节分析计算复杂性。

3.2.1　DPC 中 γ 参数曲线的分析

使用 DPC 算法进行聚类时，如果数据集能够被多粒度聚类，则中心点的 γ 参数 (在文献 [6] 中定义为 $\gamma_i = \rho_i \times \delta_i, 1 \leqslant i \leqslant N$) 取值处于不同的等级上。图 3.1 演示了这一重要现象（潜在中心点是在最细粒度层次上的聚类中心点。由于在更粗粒度的层次上某些中心点将"降格"为普通数据，所以提出这个名称）。

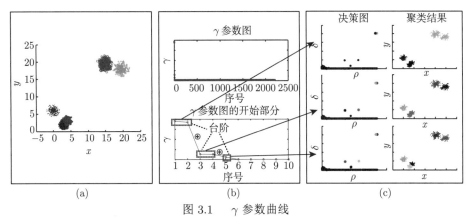

图 3.1　　γ 参数曲线

(a) 该数据集可以被看作包含 5 个、4 个或 2 个类簇。(b) DPC 算法在数据上生成的 γ 曲线。上面是整个数据集的 γ 参数值 (下降排序后)，下面是最大的 10 个 γ 值，选到 5 个中心点，其中 2 个的 γ 值最大，2 个中等，1 个最小。(c) 与潜在中心点的 3 个 γ 水平相对应，该数据集在 3 个层次上获得聚类结果

基于以上观察，首先，选择所有潜在中心点。然后，识别这些中心点的 γ 曲线中的"台阶"。最后，使用这些中心点在各个层次上将"引领树"拆分成一个森林，森林中的每一棵子树代表一个类簇。综上，设计 DenPEHC 算法需要解决如下三个问题：

(1) 选择所有的潜在中心点并在 γ 曲线中找出"台阶"，这样就确定了多粒度聚类粒层个数；

(2) 分析中间结果 N_n 所表示的树形结构；

(3) 根据"台阶"和引领树构建多粒度聚类的结果。

3.2.2 聚类中心点的自动选择

(1) 已经存在一些自动选择聚类中心的研究工作。例如，Hinneburg 和 Keim 使用爬山算法找到密度函数的局部最大值，该最大值就对应了类簇的中心 [24]。Hinneburg 和 Gabriel 把降低爬山算法作为期望最大化算法的一种特殊情形，进而得到一种更快的 DENCLUE 方法 (称为 DENCLUE 2.0) [25]。我们结合 DPC 算法使用线性拟合自动选取中心点，因为该方法中的中心点 γ 参数值显著大于普通数据点 [17]。使 $[\gamma^s, \gamma_{\text{Ind}}] = \text{sortDescending}(\gamma)$。$\gamma^s$ 是 γ 的降序排列，γ_{Ind} 是 γ 降序后对应的下标数组。对 i 从 $N - l$ 到 0，我们对 γ_i^s 和它的下标进行长度为 l 的线性拟合：

$$\gamma_i^s = aI_i + b \tag{3.1}$$

式中，$\boldsymbol{\gamma}_i^s = (\gamma_{i+1}, \gamma_{i+2}, \cdots, \gamma_{i+l})$; $I_i = (I_{i+1}, I_{i+2}, \cdots, I_{i+l})$。通过使拟合函数值和真实值之间达到最小均方差 (MSE) 求解两个变量 a 和 b。之后估计下一个 γ 参数的值：$\hat{\gamma}_i = a_iI_i + b_i$，并记估计值和真实值之间的差为 $\Delta\gamma = \gamma_i - \hat{\gamma}_i$。

当出现第一个 i 满足下列两式：

$$\Delta\gamma_i > \text{LocalR} \cdot (\text{d}\gamma_i^s)$$

和

$$\Delta\gamma_i > \text{GlobalR} \cdot \text{Max}(\text{d}\gamma^s)$$

寻找中心点的过程终止，i 个最大的 γ 参数对应的数据点就是聚类中心。这里 $\text{d}\gamma^s$ 为 $\boldsymbol{\gamma}^s$ 的差分向量；$\text{d}\gamma_i^s$ 为 $\text{d}\gamma^s$ 的第 i 个元素。LocalR 和 GlobalR 是两个参数，分别用于控制中心点的 γ 参数值应该在多大程度上大于其前一个普通数据 (结合线性拟合移动的方向，"前一个"数据点在图 3.2 中处于当前数据点的右边)，以及 $\Delta\gamma$ 与 $\text{Max}(\text{d}\gamma^s)$ 之间的比值应该有多大才能选择出最小 γ 的一个聚类中心。GlobalR 用于防止数据点被错误地选择为中心：$\Delta\gamma_i$ 相对于它的前一个增量 $\text{d}\gamma_i^s$ 来说非常大，但是对于整个差分向量 $\text{d}\gamma^s$ 的最大值来说它又特别小。当线性拟合过程结束后，i 就是中心点的个数。同时，下标为 $(\gamma_{\text{Ind}_1}, \cdots, \gamma_{\text{Ind}_i})$ 的数据点就是聚类中心。图 3.2 演示了这种方法，算法 3.1 给出了选择中心点的细节。

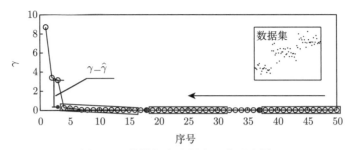

图 3.2　线性拟合选择中心点示意图

黑色圆圈是真实的 γ 值，黑色实心圆是当前线性拟合完成后 γ 参数的预测值。如果在预测值 $\hat{\gamma}$ 和真实值 γ 之间在位置 i 处出现了一个显著的"跳跃"，则其 γ 参数值大于等于 γ_i 的所有数据点都将被选为潜在中心点

算法 3.1: 线性拟合法选择向量中的特大值

Input: 降序排列的向量 $\boldsymbol{V}$, 参数 $LocalR$ 和 $GlobalR$.

Output: LN($\boldsymbol{V}$ 中特大值元素的个数).

1 Len=length($\boldsymbol{V}$);

2 $dV = \{V_i - V_{i+1}\}_{i=1}^{Len-1}$;

3 $AllMaxDiff$=max($\boldsymbol{dV}$);

4 $FitLen$=20;

5 **for** i=Len-$FitLen$; $i{\geqslant}2$; $i = i - 1$ **do**

6 　　$\boldsymbol{CV} = \{V\}_{j=i+1}^{i+FitLen}$;

7 　　$\boldsymbol{Ind}$=$\{i+1, \cdots, i + FitLen\}$;

8 　　$[a,b]$=LinearFit($\boldsymbol{Ind},\boldsymbol{CV}$);

9 　　$PredictV = a \times i + b$;

10 　　$CDiff = V_i - PredictV$;

11 　　$\boldsymbol{dCV} = \{CV_j - CV_{j+1}\}_{j=1}^{FitLen-1}$;

12 　　$CMaxDiff = max(\boldsymbol{dCV})$;

13 　　**if** $CDiff > LocalR \times CMaxDiff$ **AND**
　　　$CDiff > GlobalR \times AllMaxDiff$ **then**

14 　　　　**break**;

15 $LN = i$;

16 **return** LN;

(2) 找出 γ 曲线中的台阶以确定聚类中的层次。

通过当前数据点的 γ 值增量与前一个的 γ 值增量之比来确定台阶。形式化地记 R_i 为 γ_i 处的增量，即

$$R_i = \gamma_i - \gamma_{i-1} \qquad 2 \leqslant i \leqslant K \qquad (3.2)$$

式中，K 为选择潜在中心点的数目。

定义 3.1 一个对应于 m 个中心点的 γ 值序列 $(\gamma_i, \cdots, \gamma_{i+m-1})$ 称为一个台阶，如果对于所有的 $1 \leqslant l < m$ 满足

$$\frac{R_{i+m}}{R_{i+m-1}} > \text{StairThre} \quad , \frac{R_{i+l}}{R_{i+l-1}} \leqslant \text{StairThre} \qquad (3.3)$$

式中，StairThre 为一个用于确定"台阶"的阈值参数。$1 \leqslant m \leqslant K-i+1$。仅当至少有 3 个中心点的情况下讨论台阶才有意义。这样就避免了平凡聚类，即单独一个 γ 值最大的点并不能构成一个台阶。但是中心点中 γ 值最小的点可以构成一个台阶 [图 3.3(b)]。为了看清楚 γ 值中的台阶，在图 3.3 中只显示最大的 $2 \times K$ 个 γ 值。在算法中，一个台阶 S 对应的聚类层次是由 S 以及比 S 更高的台阶上所有对应的中心点确定的，这也是图 3.1(b) 和图 3.3(b) 中 $\oplus$ 符号代表的含义。根据台阶的定义，算法 3.2 详细描述了在 γ 曲线中查找台阶的步骤。

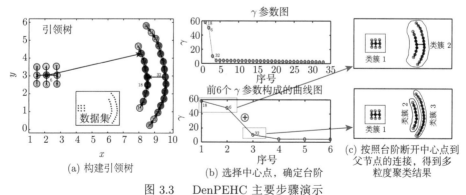

图 3.3　DenPEHC 主要步骤演示

参数配置：percent=20, LocalR=4.6, GlobalR=0.01, StairThre=1.8

算法 3.2: 在 γ 曲线中查找台阶

  Input: $\{\gamma Sort_i\}_{i=1}^{centersCnt}$, $StairThre$

  Output: $\boldsymbol{HierarEnd}$(保存了每个台阶上的最小 γ 值点的下标).

1 $LayerCnt=0$;

2 $PrevSlope=\gamma Sort_2 - \gamma Sort_1$;

3   **for** $i=2$:$centersCnt$-1 **do**

4 $slope=\gamma Sort_{i+1} - \gamma Sort_i$;

5   **if** $slope/PrevSlope > StairThre$ **then**

6 $LayerCnt$++;

7 $HierarEnd[LayerCnt] = i$;

8 $PrevSlope=slope$;

9   **return** $\boldsymbol{HierarEnd}$;

3.2.3　DPC 中的引领树

  确定中心点和台阶之后, 多粒度聚类就可以通过最直接的方法得到。将这种方法称为基于密度峰值的直接自动多粒度聚类方法 AHDPClust_s。第一层 (最高层) 根据第一个台阶上的聚类中心进行普通数据点的类簇划分, 第二层使用第二个和第一个台阶上的中心点进行划分, 以此类推, 将全部层次上的聚类结果都构建出来。这是一种自顶向下的方法。类似地, 也可以先在最低层次 (最细粒度) 上, 使用全体潜在中心点划分类簇, 然后向上移动, 将下一层次的中心点 "降格" 为普通数据, 然后进行划分。这种自底向上的方式同样可以得到正确的结果。但是, 由于对中间结果的树型结构缺乏考虑, 每个层次都从头进行类簇划分, 这种直接方式显然是低效的。

  通过仔细分析不难发现, DPClust 中的中间结果 p 实际上刻画了一棵树, 在这棵树中, 每个非根节点 x_i 都由其父节点 $p(i)$ "引领" 着加入和 $p(i)$ 相同的类簇中。因此, 称这棵树为 "引领树"。在引领树的辅助下, 将普通数据按照中心点划分成类簇的过程就简化成将一棵树拆分成森林中的 K 棵子树, 对应聚类结果的 K 个类簇。例 3.1 演示了这一思想。

  例 3.1　运用 DPClust 及其引领树结构对 13 个二维点构成的数据集 [图 3.4(a)] 进行聚类。

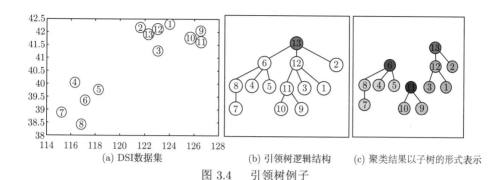

(a) DSI数据集　　　　　　　　(b) 引领树逻辑结构　　(c) 聚类结果以子树的形式表示

图 3.4　　引领树例子

计算中间结果 N_n、γ^s、γ_{Ind}，以及最后的类簇标签, 如表 3.1 所示。引领树结构如图 3.4(b) 所示，在 γ 最大的 3 个点被选为中心点之后，将它们从父节点断开 [图 3.4(c)]。此时，每棵子树就是一个类簇, 其类簇标签如表 3.1 最后一行所示。

表 3.1　　例 3.1 的中间结果和最终结果

N_n	12	13	12	6	6	13	8	6	11	11	12	13	0
γ^s	5.89	2.26	1.35	0.56	0.43	0.42	0.39	0.30	0.29	0.22	0.16	0.12	0.05
γ_{Ind}	13	6	11	3	12	1	8	4	2	7	10	5	9
Cl	1	1	1	2	2	2	2	2	3	3	3	1	1

3.2.4　DenPEHC 算法描述

前面提到的 AHDPClust_s 直接构建聚类层次不够高效，使用引领树将极大简化构建聚类层次的过程。DenPEHC 的步骤在算法 3.3 中详细描述。主要包括: ① 计算 N_n 和将 N_n 变换为引领树; ② 找出中心点和台阶; ③ 通过把引领树拆分为森林，构建每个层次上的聚类结果。

森林和子树采用邻接表逻辑结构表示。算法 3.4 中，每个非叶节点的子节点在加入邻接表时，按照 γ 值降序加入，以便在算法 3.5 中拆分森林时，直接移除所有聚类中心节点对应的父节点的第一个子节点。在引领树结构的辅助下，把普通数据点划归到 K 个类簇的过程简化成为断开 $K - 1$ 个连接 (从中心点到它们各自的父节点)。由于 γ 值最大的中心点是整棵引领树的根，因此它不需要断开操作。

为了使 DenPEHC 算法更容易理解，再通过一个小型的二维数据集来展示其主要步骤，如图 3.3 所示。在图 3.3(a) 中，在计算了向量 ρ 和 N_n 之后，该二维数据集的引领树就构建完成。节点的色调代表了局部密度，密度越大，色调越偏向暖色。接下来，通过线性拟合的方法 (算法 3.1) 选择潜在中心点,通过算法 3.2 查找出 γ 曲线中的台阶，如图 3.3(b) 所示。直观上，我们在 x_{32} 的 γ 处看见了一个比较大的阶跃，因此，x_{32} 以及 γ 值比它更大的数据点 (x_{18} 和 x_6) 就被选择作为中心点。而在这 3 个中心点中，x_{18} 和 x_6 具有更高的 γ 值，因此它们形成了一个台阶。x_{32} 单独形成一个台阶。在图 3.3(c) 中，引领树和各个台阶上的中心就用来直接获得各个层次上的聚类结果。第一个台阶包含两个中心点 x_{18} 和 x_6，而 x_{18} 是整棵引领树的根，因此不需要断开操作。第一个层次上的聚类结果仅仅通过将 x_6 从它的父节点 x_{12} 断开即可获得。对于第二个台阶，相应的聚类中心点包括 x_{18}、x_6 和 x_{32}。因此，相应的聚类结果通过把 x_6 和 x_{32} 从它们的父节点 (分别是 x_{12} 和 x_{17}) 断开而得到。这就是说，与以往基于聚合或者拆分的多粒度聚类方法不同，DenPEHC 中各个层次上的聚类结果可以独立地通过 $K-1$ 次断开操作得到。

算法 3.3：DenPEHC 算法

Input: 距离矩阵 D, 参数 d_c, $LocalR$, $GlobalR$, $StairThre$.

Output: 以 l 层聚类结果形式表达的多粒度聚类结果.

1　根据式 (2.2), 使用 D 和 d_c 计算局部密度 $\boldsymbol{\rho}$;

2　分别使用式 (2.3) 和式 (2.4) 计算 $\boldsymbol{\delta}$ 和 $\boldsymbol{Nn}$;

3　LT=TransormLT(Nn);　　　　//算法 3.4

4　$\boldsymbol{\gamma}$= elementwise product of $\boldsymbol{\rho}$ and $\boldsymbol{\delta}$;

5　$[\boldsymbol{\gamma Sort}, \boldsymbol{\gamma SortInd}]$=sortDescend($\boldsymbol{\gamma}$);

6　$centersCnt$=LF-ChooseLarge($\boldsymbol{\gamma Sort}$, $LocalR$, $GlobalR$);　　//算法 3.1

7　$\boldsymbol{Centers} = \{\gamma SortInd_i\}_{i=1}^{centersCnt}$;

8　$\boldsymbol{HierarEnd}$=DetectStairs($\{\gamma Sort_i\}_{i=1}^{centersCnt}$, $StairThre$);　　//算法 3.2

9　l= length($\boldsymbol{HierarEnd}$);

10　**for** $i=1$ to l **do**

11　　　Stairs[i]= $\{Centers_i\}_{i=1}^{HierarEnd_i}$;

12　　　$ClusSolution[i]$=SplitLT(LT,Stairs[i])　　//算法 3.5

13　**return** $ClusSolution$;

算法 3.4: TransormLT

   Input: Nn 和 $SortedGammaInds$

   Output: 一棵以邻接表 LT_AL 作为存储结构的引领树

1 为每个节点初始化一个邻接表;

2 for $i = 2\ to\ N$ **do**

3 $ChildID = SortedGammaInds[i]$;

4 $ParentID = Nn[ChildID]$;

5 $LT\_AL[ParentID].add(ChildID)$;

6 return LT_AL;

算法 3.5: SplitLT

   Input: LT_AL, Nn, 以 γ 降序排列的 $Centers[m]$

   Output: 表示聚类结果的一个森林

1 for $i=2\ to\ m$ **do**

2 $root = Centers[i]$;

3 $parentID = Nn[\ root]$;

4 $LT\_AL\ [parentID].RemoveFirst()$;

5 return LT_AL;

3.2.5 异常点检测

    由于数据收集过程中数据来源不同, 数据中的异常时有发生, 因此异常点检测问题由来已久。异常点检测是指从数据集中区分出异常样本的过程 [26,27]。最近, Milos 等通过定义基于逆最近邻的 antihubs 和 hubs 来检测异常点, 尤其是在高维数据场景下。Huang 等结合了最近邻和拟最近邻的思想提出"自然近邻"的概念, 以此为基础, 通过计算"自然值"和"自然异常因子"来进行异常点筛选 [28]。对于 DPC 算法而言, 异常点的特征是 δ 值很大而 ρ 值很小 [17], 因此可以使用 δ 除以 ρ 的商来检测异常点。与选择中心点类似, 定义一个参数 $\theta = \delta/\rho$ 来表征一个数据点有多大的可能是一个异常点。这种方法在 DenPEHC 方法中很容易得到实现, 因为 δ 值和 ρ 值已经在构建引领树之前计算完毕, 而通过线性拟合选择大值的例程 (算法 3.1)

也在选择中心点时编写完毕,可供调用。但是,异常点检测与中心点筛选还是有区别的。那就是有些数据点具有非常大的 θ 是因为它的 δ 特别大,尽管它的 ρ 值也相对较大。而一个具有较大 ρ 值的点是不可能成为异常点的,因此,在第一步选择了 θ 很大的点之后,还需要过滤掉 ρ 值较大的点。经过这两步之后,留下来的点就是异常点,需要在 DenPEHC 算法运行之前将其移除。通过两个例子来演示基于 θ 的参数异常点检测方法。首先,在图 3.3(a) 所示的数据集中加入 33.3% 的异常点,可以看出本书的方法能够准确标记出所有异常点。结果如图 3.5(a)~(c) 所示。

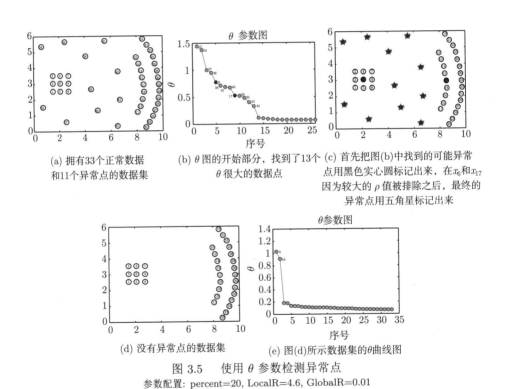

(a) 拥有33个正常数据和11个异常点的数据集　　(b) θ 图的开始部分,找到了13个 θ 很大的数据点　　(c) 首先把图(b)中找到的可能异常点用黑色实心圆标记出来,在 x_6 和 x_{17} 因为较大的 ρ 值被排除之后,最终的异常点用五角星标记出来

(d) 没有异常点的数据集　　(e) 图(d)所示数据集的 θ 曲线图

图 3.5　使用 θ 参数检测异常点

参数配置: percent=20, LocalR=4.6, GlobalR=0.01

　　测试本章所提出的异常检测方法是否会在没有异常点的情况下错误检出异常点。如图 3.5(e) 所示,线性拟合方法在图 3.5(d) 所示的数据集中检测出了两个 θ 值很大的点 (x_6 和 x_{18})。但是,这两个点都有很大的局部密度值,所以将它们从异常点里排除。这样,当实际上没有异常点的情况下,本书的方法并不误检。

3.2.6 复杂性分析

DenPEHC 的优点包含了对数据形状的鲁棒性、很高的准确性和较低的计算复杂性。准确性和鲁棒性主要来自原本的 DPC 方法,而较低的计算复杂性则是本章提出的算法。算法 3.3 表明,在引领树的基础上构建整个聚类层次的复杂性是 $\Theta(m)$, m 为潜在中心点个数 (也是子类簇的个数)。这个复杂性显著低于当前最新的多粒度聚类方法。例如,基于凝聚力自合并 (cohesion-based self-merging, CSM) 算法用于构建聚类层次的时间复杂性是 $O(m^2 \log m)$, m 为子类簇的个数[10]。hSync 算法的时间复杂性是 $O(L \times T \times N \log N \times d)$,其中,$L$ 为聚类模型的个数;T 为迭代进化的次数 (典型取值为 5~20);N 为样本数目;d 为数据维度[7]。在实验评价中,我们还将对比 DenPEHC 和其他模型的实际运行时间。DenPEHC 和 DPC 的空间复杂性在量级上是相同的。DenPEHC 只需要额外加上 $3 \times N$ 个存储单元,其中,N 个用于存储引领树,$2 \times N$ 个存储 γ 向量和 γ 降序后的下标数组。DenPEHC 算法在构建聚类层次上比其他对比方法都更为高效,但这背后的原因为该模型是启发式的,避免了常见的迭代优化过程。但是这种启发式的性质也使得 DenPEHC 的性能缺乏严格的数学保证。相比之下,现存的很多多粒度聚类方法都有坚实的理论基础,保证聚类结果能够满足一定的优化目标,尽管这将导致较高的时间复杂性。例如,Sync 优化最小描述长度 (minimum description length, MDL)[29] 来找到有意义的聚类层次;基于信息熵的聚类[30](LEGClust 多粒度聚类方法主要的理论来源),在每一层次上最小化各个类簇信息熵之和,以保证得到一个满意的聚类结果;贝叶斯多粒度聚类[31] 合并两个最有可能来自相同概率分布的子集,由此最大化对应的类簇存在条件概率。DenPEHC 的另一个不足是相同的数据集由于采用不同的距离度量而产生不同的距离矩阵,而聚类结果是以距离矩阵为基础产生的。因此,距离度量的选择会显著影响聚类结果。相比之下,其他某些聚类模型,如基于信息熵或贝叶斯概率分布的,就不需要选择距离度量。

3.3 海量高维数据的 DenPEHC 聚类

3.3.1 海量高维数据的多粒度聚类

如前所述,由于巨大的距离矩阵和 (或) 距离集中效应,DenPEHC 不能直接用于海量和 (或) 高维数据的聚类。通常情况下,这两个问题可以单独处理。高维数据的聚类,可以首先找到一个合适的子空间 (可以平行于某个坐

标轴或者是任意方向), 然后对映射到这一子空间的对象进行聚类。也可以首
先对数据集进行降维 (如采用局部线性嵌入 [32] 或拉普拉斯特征图 [33] 等), 然
后对低维数据聚类。使用现存的降维方法预处理数据, 或者将子空间聚类与
DenPEHC 集成某种程度上会偏离本章研究目标。因此, 我们首先进行属性
的语义分组, 然后迭代调用 Auto-DPC 将每个属性组映射为一个类别属性。
更多细节, 参见算法 3.6。Tong 和 Kang 将大规模数据聚类的方法分为三种。
本章重点关注其中的第二种: "降低迭代次数"。DenPEHC-LSHD 从使用代
表点的聚类（clustering using representatives, CURE）算法 [34] 借鉴了 "随
机抽样""对划分的子集聚类""预聚类之后再聚类" 等思想, 因此是第二种
方法的一个例子。

算法 3.6: DenPEHC-LSHD 算法

    Input: 海量高维数据集 X, 属性分组信息 $\{g_1, \cdots, g_R\}$, SN_A, SN_T

    Output: X 的聚类结果 Cl

1 纵向划分 X 为 R 个子集 $\{X^{(1)}, \cdots, X^{(R)}\}$, 每个属性组记为 g_i;

2 **for** $i = 1$ *to* R **do**

3   水平划分 $X^{(i)}$ 为 $X_1^{(i)}, \cdots, X_{N_{SA}}^{(i)}$;

4   **for** $j = 1$ *to* SN_A **do**

5 $[Centers_j^{(i)}, Clusters(i)_j] = \text{DenPEHC}(X_j^{(i)})$;

6 $Centers^{(i)} = \text{MergeAll}(Centers_j^{(i)})$;

7 $Clusters^{(i)} = \text{MergeAll}(Clusters_j^{(i)})$;

8 $AttrCenters^{(i)} = \text{DenPEHC}(Centers^{(i)})$;

9   替换 $X^{(i)}$ 中的类簇 ID 为 $AttrCenters^{(i)}$;

10 $CDM^{(i)} \leftarrow$ 计算 $AttrCenters^{(i)}$ 的距离矩阵;

11 $Y = $ 替换 X 中 $\{g_i\}_{i=1}^R$ 分组的属性值为 R 个类别属性;

12 对 Y 应用第 3–10 行的步骤 (除了距离矩阵的计算是基于 CDMs 且
     数据规模变成了 SN_T) 得到 Cl;

13 **return** Cl;

3.3.2　DenPEHC-LSHD 算法

如果数据集的维度 d 较高, 如 $d > 20$, 首先尝试根据领域知识将这些属
性分为 R 组。这个过程可以称为 "垂直粒化"。这个思想是合理的, 因为一组
属性实际上描述了一个隐含概念, 刻画了数据对象某方面的特征。因此, 在
垂直粒化之后所有属性的值将会被 R 个类别值代替。由 R 个类别值描述的

两个对象之间的距离计算在 3.3.3 节讨论。

在第一轮的属性分组或者称为第二轮垂直粒化之后,把得到的较低维度数据集随机抽样成 SN 个子集。这样一个大规模数据集就被转换成了许多中等规模的同构子集,对这些子集采用 Auto-DPC 进行聚类,这一过程又可称为"水平粒化"。之后把这 SN 个子集的聚类结果融合成为一个。水平粒化的思想可以在文献 [35] 中找到:

更确切地,在数据、模型和知识层次上,全局挖掘以两步处理 (局部挖掘和全局关联) 为特征。

如果一个数据集同时具有海量和高维特征,则设计一个聚类处理的框架同时使用水平粒化和垂直粒化 (合起来称为"网格粒化")。这个框架反映了两步挖掘[35]、类簇合并[4] 和垂直粒化[16] 的思想。

除了图 3.6 中所示的框架图,我们也将 DenPEHC 应用于大规模高维数据聚类的详细步骤描述与算法中。

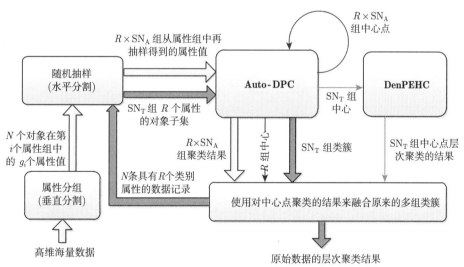

图 3.6   扩展 DenPEHC 使之可以对海量高维数据进行聚类的处理框架

N 表示数据集中的对象个数;SN_A 和 SN_T 分别是第一轮和第二轮水平拆分后子集的个数;$d = g_1 + g_2 + \cdots + g_R$ 是数据集的维度;g_i 是第 i 个属性组中的属性个数,$i = 1, 2, \cdots, R$;R 是属性组数。处理过程从左下角开始,右下角结束。黑色和白色箭头表示第一轮处理中的属性合并,绿色箭头表示第二轮中属性已经被合成 R 个隐含概念后的数据

3.3.3　类别属性取值的距离度量

如果对象 i 和对象 j 之间的距离使用如式(3.4)的 L_p 范数定义,则垂直粒化前后的距离度量具有"形式不变性"。原因是同一个属性组转换成类别值的过程中,我们使用聚类方法,把同一个类簇的属性值组合看作对应的

隐含概念的一种状态。所以可以用两个中心点之间的距离来代表某一隐含概念的两个状态之间的差异，如式（3.5）所示。

$$d_{ij} = \sqrt[p]{\sum_{k=1}^{R} (D_{ij}(A_k))^p} \tag{3.4}$$

式中，$D_{ij}(A_k)$ 为对象 i 和 j 关于属性组 (或隐含概念)A_k 的距离；p 为 L_p 范数的定义，p 可以取 $1, 2, \cdots, \infty$ 等。

$$D_{ij}(A_k) = \sqrt[p]{\sum_{m=1}^{g_k} (x_{i,(a_{k,m})} - x_{j,(a_{k,m})})^p} \tag{3.5}$$

式中，$a_{k,m}$ 为属性组 A_k 中的第 m 个属性；g_k 为第 k 个属性组中的属性个数。

因此，将 $D_{ij}(A_k)$ 的表达式代入式 (3.4) 即得到式 (3.6)。这里有 $d = \sum_{k=1}^{R} g_k$，所以可以得出结论：在使用 L_p 范数作为距离度量的前提下，使用垂直粒化不改变距离度量的计算表达式。

$$d_{ij} = \sqrt[p]{\sum_{k=1}^{R} \sum_{m=1}^{g_k} (x_{i,(a_{k,m})} - x_{j,(a_{k,m})})^p} \tag{3.6}$$

这种按照语义重新分组的方法是一种"局部性保持投影"[23]，因为在投影前后两个数据点之间的距离近似保持不变。与直接用类别标签作为属性取值来计算距离相比，使用式（3.6）定义的距离所产生的聚类结果更准确。对于另一个常用的距离度量——余弦相似性，上述的形式不变性不再成立。因此，如果在垂直粒化过程中使用的是余弦相似性，则之后产生的新数据集 Y 上的距离度量就不能直接使用 L_p 范数。使用多维度缩放 (multidimensional scaling, MDS) 方法 [36] 将类别值距离矩阵转换成二维数据点。这样，具有 R 个类别属性的数据集 Y 就变成了 $2 \times R$ 个数值属性的数据集 Y'，此时余弦相似性就可以使用了。

3.3.4　子集规模的确定

Guha 等使用切诺夫界 (Chernoff bounds) 得到式（3.7），用以估计大规模数据聚类时的最小样本量 [34]。

$$s_{\min} = k\beta \left(\xi + \ln(1/\alpha) + \sqrt{(\ln(1/\alpha))^2 + 2\xi \ln(1/\alpha)} \right) \tag{3.7}$$

式中，k 为类簇数目；α 为样本中属于 u 类簇的样本点个数少于 $f|u|$ 的概率上界 ($f = \xi/|u_{\min}|$ 用来表示最小类簇的几何形状所需的数据规模与最小类簇的数据规模之比)；$\beta > 1$，用来确定最小类簇和平均类簇的规模之比，即 $|u_{\min}| = N/(k\beta)$；ξ 为常数，表示足够描述最小类簇的几何形状所需数据点的个数。

根据式 (3.7) 计算得到的最小样本量独立于实际的数据集规模 N。在验证 DenPEHC-LSHD 算法对海量高维数据聚类时，我们将使用这个公式计算随机抽样所需的最小样本数量，再将这一结果松弛到一个较大的值，以便充分使用实验设备的计算能力。

3.3.5 水平粒化的加速效应

网格粒化可以加速聚类过程,原因是几乎所有聚类方法 (包括 DenPEHC) 的时间复杂性都在 $O(n^2)$ 之上。而根据图 3.6 所示的工作流程，Auto-DPC 算法执行 $R \times (\mathrm{SN}+1)$ 次，其中，SN 表示水平粒化中子集的个数。因此，网格粒化方法聚类的时间复杂性变为 $R \times (\mathrm{SN}+1) \times O((N/\mathrm{SN})^2)$。采用网格粒化和单纯的 DenPEHC 的时间复杂性之比为

$$\frac{R \times (\mathrm{SN}+1) \times O((N/\mathrm{SN})^2)}{O(N^2)} \approx R \times (\mathrm{SN}+1) \times \frac{1}{\mathrm{SN}^2} \approx \frac{R}{\mathrm{SN}} \qquad (3.8)$$

通常情况下有 $R \ll \mathrm{SN}$，因此，除了解决"巨大距离矩阵"和"距离集中"这两个难题，网格粒化方法还能够加速聚类过程。

3.4 实验及结果分析

3.4.1 实验环境与数据集

本章所有试验在配置为 Intel i5-2430M CPU、8GB 内存的个人计算机上进行，操作系统为微软 Windows 7 (64 位)，编程环境为 Matlab 2014。在 8 个数据集上验证本章所提的方法，两个是人工数据集，另外 6 个来自 UCI 机器学习库。有关这 8 个数据集的概要信息参见表 3.2。选择第 3~6 个数据集有两方面的考虑: 一是因为它们在对比文献 [7] 和 [6] 的试验中使用过；二是因为它们都是中等规模，可以直接使用 DenPEHC 进行聚类。第 7 和第 8 个数据集用来验证如图 3.6 所示框架的有效性。第一个数据集 (5Spherical) 的生成通过设置五个球面的中心点和半径，然后在球面上随机采样，最后把球面上的点投射到平面上，如图 3.7(a) 所示。5Spherical 数据集的设计意图是

让 DenPEHC 方法可以将它聚类成为 5 个、4 个或者两个类簇。第二个数据集 (5Spiral) 是使用方程式 (3.9) 生成的 5 条螺旋线:

$$\begin{cases} x = -t/8 \times \cos(t + \varphi) \\ y = -t/8 \times \sin(t + \varphi) \end{cases} \tag{3.9}$$

式中, $t \in (2, 4\pi)$ 和 φ 用于控制螺旋线的起点。5 条螺旋线的位置安排是两组两条靠近,加上一条相对分开。这样,这些曲线就可以被聚类为 5 类、3 类或者两类 [图 3.8(a)]。这两组人工数据集都具有层次结构,而且分别具有球形和非球形形状,通过它们可以测试多粒度聚类算法的有效性和鲁棒性。数据集"Glass""Wisconsin""DHN"的全名分别是"Glass Identification Database""Wisconsin Diagnostic Breast Cancer""The Dutch Handwritten Numerals"。DHN 是手写体数字 ('0'～'9') 的数据集,本实验中使用的是名为"mfeat-mor"的特征向量。Ecoli 在最细粒度上可以分成 8 类,可能是因为领域知识,在高层次上可以分成 4 类或者两类 [7,37]。最后两个数据集具有海量和高维的特点,因此 DenPEHC 不能直接使用,需要加入新的技术。它们的全称分别是"PAMAP2 Physical Activity Monitoring" [38] 和"Opportunity Activity Recognition" [39,40]。这两个数据集都来自人类活动检测领域,选择它们有两个原因。首先,由于人类活动具有明显的层次特征 (如按剧烈程度),这两个数据集中的对象可以做多粒度聚类。其次,样本中的属性可以按照其语义进行分组。

表 3.2　本章实验所采用的数据集

编号	数据集	样本数	属性数	类簇数	数据来源
1	5Spherical	2200	2	{5, 4, 2}	Artificial
2	5Spiral	1060	2	{5, 3, 2}	Artificial
3	Glass	214	9	7(6 actually)	Real-world
4	Wisconsin	569	10	2	Real-world
5	Ecoli	336	7	{8, 4, 2}	Real-world
6	DHN	2000	6	10	Real-world
7	PAMAP(subject101)	376417	54	{13, 4}	Real-world
8	Opportunity(S1ADL1)	51116	250	4	Real-world

3.4.2　实验结果与分析

1. 人工数据

LEGClust 方法在 5Spherical 数据集中找到两个聚类层次,分别包含 5 个和 3 个类簇。其中的一个类簇只有两个对象, 如图 3.7(b) 所示。hSync 只找到 4 个类簇, 如图 3.7(c) 所示。DenPEHC 识别出了完整的层次结构, 和人类的直觉一致。

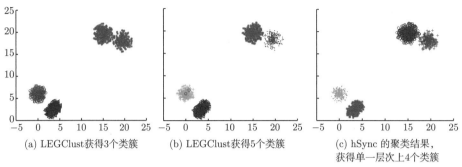

(a) LEGClust获得3个类簇　　　(b) LEGClust获得5个类簇　　　(c) hSync 的聚类结果, 获得单一层次上4个类簇

图 3.7　　"5Spherical" 数据集上的对比实验结果

5Spiral 数据集上的聚类结果如图 3.8 所示。DenPEHC 识别出了三层的层次结构。每个层次上分别包含 5 个、3 个和两个类簇。在最高层上, 由于布局密度的不同, 5 条螺旋线被分成两组。LEGClust 获得了一个包含 5 个类簇的扁平聚类结果 [图 3.9(a)], 而 hSync 方法没有能够识别出螺旋线的结构。hSync 最终得到把所有数据点归为一类的平凡聚类, 在此之前可以追溯到一个包含 3 个类簇的中间结果, 如图 3.9(b) 所示。

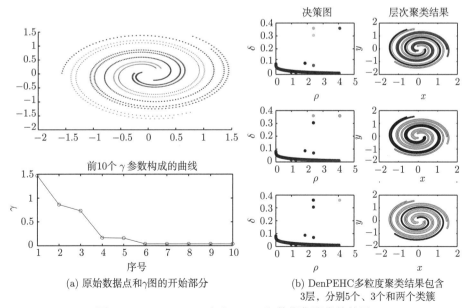

(a) 原始数据点和γ图的开始部分

(b) DenPEHC多粒度聚类结果包含 3层, 分别5个、3个和两个类簇

图 3.8　　DenPEHC 对 "5Spiral" 数据集聚类的结果

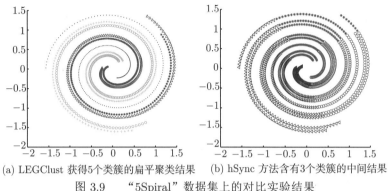

(a) LEGClust 获得5个类簇的扁平聚类结果   (b) hSync 方法含有3个类簇的中间结果

图 3.9   "5Spiral" 数据集上的对比实验结果

2. 中等规模和维度的真实数据

所有的真实数据都采用 *Z*-score 方法进行规范化，即每个属性值都先减去对应列的均值再除以该列标准差。真实数据集聚类使用的距离度量是余弦相似性而不再是欧氏距离。Wisconsin 和 Ecoli 两个数据集的 DenPEHC 聚类结果可视化如图 3.10 所示。

另两个数据集 DHN 和 Glass 的距离矩阵不能够进行二维缩放变换，所以在此我们没有提供这两个数据集聚类结果的可视化。但是这并不妨碍 DenPEHC 能够成功地为这两个数据集聚类。接下来详细描述 DenPEHC 方法在真实数据集上的效率和有效性。从运行时间和聚类准确性两个方面来对 DenPEHC 方法和当前多粒度聚类的两个前沿方法进行对比。这里使用 NMI 和 ARI 两个指标 (其具体定义见第 2 章) 来评价聚类的准确性。6 个数据集在各个聚类方法上的运行时间如表 3.3 所示。DenPEHC 方法只是额外花费一小部分时间 (大约是 DPC 花费时间的 0.5%)，就把原本 DPC 方法获得的扁平聚类结果变成了多粒度聚类。这个过程要比其他多粒度聚类高效。

如表 3.4 所示，在人工数据集上 DenPEHC 是三个聚类方法中准确性最高的。如果聚类结果包含多个层次，则按从顶层 (最粗粒度聚类) 到底层 (细粒度聚类) 的顺序显示准确性指标。hSync 方法在 5Spiral 数据集上的准确性最低，可能是因为 "同步" 机制不能发现这种螺旋形的类簇。对于真实数据集，DenPEHC 的准确性随数据集不同而变化，但总体来说均具有竞争力。在 4 个真实数据集中，DenPEHC 在 14 次比较中获得了 10 次优胜，显著高于 hSync (4 次) 和 LEGClust (0 次) 的优胜次数。

即使数据集实际上只有一个确定的类簇数目，或者说它就是一个适合扁平聚类的结构，构建多粒度类簇结构也总是有意义的。因为多粒度类簇结构中总会存在某一个层次，它的划分结果会比其他层次更接近真实情况。而运行一次 DenPEHC，就可以高效地建立这样的多粒度类簇结构。

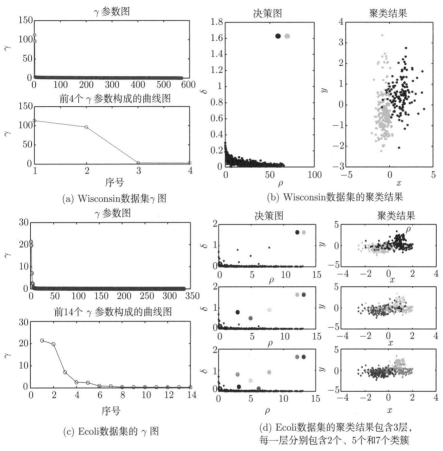

(a) Wisconsin数据集γ图

(b) Wisconsin数据集的聚类结果

(c) Ecoli数据集的 γ 图

(d) Ecoli数据集的聚类结果包含3层，每一层分别包含2个、5个和7个类簇

图 3.10　在真实数据集"Wisconsin"和"Ecoli"上的 DenPEHC 实验结果

表 3.3　各个算法的运行时间

算法	运行时间/s					
	5Spherical	5Spiral	Glass	Wisconsin	Ecoli	DHN
DPC	9.125	1.126	0.041	51.079	0.094	21.176
DenPEHC	9.171	1.131	0.043	51.159	0.162	21.361
hSync	23.474	6.056	3.215	92.514	5.397	57.865
LEGClust	140.365	9.229	0.114	2.587	0.381	131.721

表 3.4　算法的准确性

算法	指标	数据集					
		5Spherical	5Spiral	Glass	Wisconsin	Ecoli	DHN
DenPEHC	ARI	**0.9559**	**1.0000**	**0.4756**		**0.6565**	**0.6527**
		0.9936	**1.0000**	**0.4647**	**0.9669**	**0.6264**	0.5096
		1.0000	**1.0000**			0.3666	0.2511
	NMI	**0.9476**	**1.0000**	**0.3046**		**0.6281**	**0.6873**
		0.9892	**1.0000**	0.2836	0.5620	**0.5851**	0.6392
		1.0000	**1.0000**			0.3385	0.6474
hSync	ARI	0.8530	0.0188	0.1955		0.4379	
		0.9936	0.0398	0.1965	0.7366	0.3901	0.5218
		0.5140	0.0283			**0.6359**	
	NMI	0.9179	0.0309	0.2930		0.5570	
		0.9892	0.0372	**0.2939**	**0.6828**	0.4632	0.6551
		0.7104	0.0120			**0.5610**	
LEGClust	ARI	0.8488	**1.0000**	0.1401		−0.0065	
		0.7697	0.6145	0.2376	0.0041	−0.0054	0.2616
		0.7085	0.2099			0.0024	
	NMI	0.9103	**1.0000**	0.3332		0.1116	
		0.8764	0.8096	0.4118	0.0598	0.0953	0.4489
		0.8016	0.5576			0.0835	

3. 海量高维数据

1) PAMAP 数据集

PAMAP 数据集通过采集 9 名被测试者的活动数据而得到，每个被测试者佩戴 3 个惯性测量仪和 1 个心率检测器。我们抽取 Subject101 的数据进行实验，该被测试者进行了所有种类的活动。由于数据集中含有缺失数据，在网格粒化开始之前，先进行数据预处理，对采样频率不一致的进行补齐，对掉线产生的缺失直接删除。根据数据集的 README 文档指示，所有标签为 0 的数据也被剔除，经过预处理之后，用来进行网格粒化的数据样本共 247206 条。

将 54 个属性分成 4 组：心率、手部惯性、胸部惯性和脚踝惯性。通过方程式（3.7）来估计水平抽样的样本规模，参考文献 [34] 中参数设置的典型值，结合数据集特点，我们为该方程使用的参数配置为 $k = 20, \alpha = 0.001, \beta = 2, \xi = 20$，因此得到 $20 \times 2 \times \left(20 + \ln 1000 + \sqrt{(\ln 1000)^2 + 2 \times 20 \times \ln 1000}\right) \approx 1796$。最后采用 $s_{\min} = 2000$ 随机抽样经过垂直属性分组之后的数据集。垂直粒化的结果如表 3.5 所示。

经过网格粒化，除了心率之外的 3 组连续数值的属性变换成了 3 个类别属性，此时整个数据集中包含的不同样本数目减少为 1686。所以在第二轮的水平粒化中同样将样本数目设置为 2000。最终获得的多粒度聚类结果如表

3.6 所示。从表中可以看出，网格粒化大幅提高了聚类的准确性，而且如果不考虑领域知识，对属性进行随机分组产生的聚类结果会比不分组更差。

表 3.5 PAMAP 数据集垂直粒化的结果

属性分组	4~20	21~37	38~54
隐含概念	手部惯性	胸部惯性	脚踝惯性
状态数目	14	17	14

表 3.6 PAMAP 数据集上的聚类精度

方法	类簇数目	ARI	NMI
网格粒化	(13, 5)	(0.2913, 0.4509)	(0.4933, 0.5021)
所有属性	(12, 4)	(0.0721, 0.0839)	(0.3059, 0.1691)
随机分组	(12, 4)	(0.0266, 0.0398)	(0.0894, 0.0313)

2) Opportunity 数据集

"Opportunity" 是从传感器丰富的环境中采集的人类活动数据集 [39,40]。除了佩戴在被试者的手臂、手、背部、膝盖和鞋上的传感器，还有在房间各种物件，如门、冰箱和抽屉等上安装的传感器。在这个数据集上可以完成七种任务，我们挑选了其中的"运动识别"任务。由于安装在物件上的传感器对于"运动识别"来说不是必需的，因此在预处理之前，先将这些对应的列删除。

与 PAMAP 数据集相似，先对 Opportunity 数据进行包含数据清洗和缺失值补齐的数据预处理。这样，图 3.6 所示的框架中的输入数据集就含有 130 个属性和 37507 个样本。经过属性的语义分组和第一轮网格粒化之后，130 个数值属性变成了 9 个隐含类别值变量，如表 3.7 所示，整个数据集中不同取值的样本个数为 2763。因此，在第二轮水平粒化中，随机抽取的子集样本容量设置为 3000 就可以基本覆盖样本的多样性。

表 3.7 Opportunity 数据集垂直粒化的结果

隐含概念	背部	臀部	左下臂	左脚	左上臂	右膝	右下臂	右脚	右上臂
属性个数	16	3	19	16	19	6	16	16	19
状态数目	4	3	8	7	7	7	7	7	5

最后，把 Opportunity 数据集的 S1ADL1 子集聚类成 4 类，得到的 NMI 指标为 0.4495，ARI 指标为 0.4432。

4. 参数敏感性分析

DenPEHC 模型包含 4 个参数：Percent (用于确定截断距离 d_c，具体方式是先将所有点对间距离升序排列，然后取 Percent％分位点处的距离为截断距离，即 $d_c = \mathrm{SortedDistance}[\lceil N \times \mathrm{Percent}\% \rceil])$、LocalR、GlobalR 和
StairThre。如果强调数据的局部结构以便发现更多的类簇，则应该设置一个
较小的 Percent，反之亦然。如果将 LocalR 和 GlobalR 设置成较小的数，则
在 γ 值大的样本点中更容易选择出较多的中心点。最后，较小的 StairThre
使得在 γ 曲线中发现的台阶数更多。选择 5Sphetical 和 Ecoli 两个数据集，
分别是人工数据和真实数据，进行参数敏感性测试。由于 LocalR 和 GlobalR
是用于选择潜在中心点的紧密联系的一对参数，所以将它们作为一个整体考
虑。这样，在每个数据集上这四个参数的变化就产生了三个子表。考察每一
个参数敏感性时，均固定其他参数取值不变。表 3.8 显示了数据集 5Sphetical
上的参数敏感性。左边四列表示的是参数 Percent (表中简写为 Pct) 对中心
点选择和 γ 曲线的影响。Percent = 0.01 时，得到最细粒度的划分聚类，将数
据集分为五个类簇。当 Percent 取值为 0.05 或 0.1 时，聚类结果自底向上包
含 5 个、4 个、2 个类簇，和人类直觉一致。当 Percent 取 0.5 或者 5 时，聚类
结果仍然是层次的，只不过层数变成了两层，分别包含 5 个和 2 个类簇。取
Percent = 10，仍然得到两层，但是每层上的类簇数目为 4 个和 2 个。综上可
以看出，在一个非常宽的范围为 Percent 取值，均得到有意义的聚类结果。虽
然层数和每层上的类簇数目有所不同，但是对于给定的类簇其准确性并没有
改变。这对参数 (LocalR，GlobalR)，在表中简写分别为 LR 和 GR，用于选
择中心点。(LocalR，GlobalR) 可取三组典型值: (1.2，0.005)、(1.8，0.01) 和
(5.4，0.1)，分别代表一条数据被选为中心点的难易程度为 "易" "中等" "难"。
聚类结果随 (LocalR, GlobalR) 变化而变化的情况如表 3.8 的中间四列所示。
前三组配置都产生了最好的结果，而最后三组配置 (对应 "难" 的标准) 选择
了最为显著的两个中心点作为一个层次。

　　StairThre (表中简写为 ST) 用于确定 γ 曲线中的坡度变化是否容易形
成 "台阶" (对应多粒度聚类中的一个粒度)。StairThre 越小就越容易发现台
阶，反之亦然。从表 3.8 的右边四列可以看出，当 StairThre 在 1.2~30 取值
时，DenPEHC 都能正确地发现三个台阶。即使是对于 40 这样大的取值，也
能发现目标结构中的两个层次。直到 StairThre 取值为 50，所有的类簇才被
视为同一层次。根据上述现象，如果 5Spherical 数据集上选择的最佳参数配
置发生较小波动，则聚类结果不会发生改变。所以 DenPEHC 方法表现出较
好的鲁棒性，尤其是对于参数 (LocalR, GlobalR) 和 StairThre 而言。Ecoli
数据集上的参数敏感性分析如表 3.9 所示，从中看到 DenPEHC 的鲁棒性也
较好，除了当 (LocalR, GlobalR) 赋值为 (13, 0.06) 时，DenPEHC 将整个数

据集聚为一类。而这组取值其实对应了一个非常苛刻的标准。

表 3.8   5Spherical 数据集上的参数敏感性分析 (Pct=0.1, LR=4.6, GR=0.05, ST=1.8)

Pct	类簇数	ARI	NMI	(LR,GR)	类簇数	ARI	NMI	ST	类簇数	ARI	NMI
0.01	5	0.9559	0.9476	1.2, 0.005	5, 4, 2	0.9559 0.9936 1.0000	0.9476 0.9892 1.0000	1.2	5, 4, 2	0.9559 0.9936 1.0000	0.9476 0.9892 1.0000
0.05	5, 4, 2	0.9559 0.9936 1.0000	0.9476 0.9892 1.0000	1.8, 0.01	5, 4, 2	0.9559 0.9936 1.0000	0.9476 0.9892 1.0000	5.4	5, 4, 2	0.9559 0.9936 1.0000	0.9476 0.9892 1.0000
0.1	5, 4, 2	0.9559 0.9936 1.0000	0.9476 0.9892 1.0000	4.6, 0.05	5, 4, 2	0.9559 0.9936 1.0000	0.9476 0.9892 1.0000	16	5, 4, 2	0.9559 0.9936 1.0000	0.9476 0.9892 1.0000
0.5	5, 2	0.9559 1.0000	0.9476 1.0000	5.4, 0.1	2	1.0000	1.0000	30	5, 4, 2	0.9559 0.9936 1.0000	0.9476 0.9892 1.0000
5	5, 2	0.9559 1.0000	0.9476 1.0000	6.8, 0.2	2	1.0000	1.0000	40	5, 4	0.9559 0.9936	0.9476 0.9892
10	4, 2	0.9936 1.0000	0.9892 1.0000	10, 0.3	2	1.0000	1.0000	50	5	0.9559	0.9476

表 3.9   Ecoli 数据集上的参数敏感性分析 (Pct=1.0, LR=4.8, GR=0.1, ST=1.8)

Pct	类簇数	ARI	NMI	(LR,GR)	类簇数	ARI	NMI	ST	类簇数	ARI	NMI
1.0	7, 5, 2	0.6565 0.6264 0.3666	0.6182 0.5851 0.3385	1.2, 0.005	7, 5, 2	0.6565 0.6264 0.3666	0.6182 0.5851 0.3385	1.2	7, 5, 2	0.6565 0.6264 0.3666	0.6182 0.5851 0.3385
1.3	7, 5, 2	0.6565 0.6264 0.3666	0.6182 0.5851 0.3385	1.8, 0.01	7, 5, 2	0.6565 0.6264 0.3666	0.6182 0.5851 0.3385	3.8	7, 5, 2	0.6565 0.6264 0.3666	0.6182 0.5851 0.3385
1.8	5, 2	0.6505 0.3666	0.5849 0.3385	4.6, 0.02	7, 5, 2	0.6565 0.6264 0.3666	0.6182 0.5851 0.3385	7	7, 5, 2	0.6565 0.6264 0.3666	0.6182 0.5851 0.3385
5.0	5, 2	0.6505 0.3666	0.5849 0.3385	12, 0.03	7, 5, 2	0.6565 0.6264 0.3666	0.6182 0.5851 0.3385	8.8	7, 5	0.6565 0.6264	0.6182 0.5851
10	4, 2	0.6260 0.5159	0.5600 0.4405	13, 0.06	1	0	NaN	10	7	0.6565	0.6182

5. 效率分析

现有的聚合多粒度聚类方法不够高效，因为它们需要决定哪些类簇合并成一个类簇，或者是把较细粒度的低层聚类当作是最终粗粒度聚类的中间结果。例如，LEGClust 计算两个类簇之间的连接来合并类簇[6]；Bouguettaya 等提出 $k_n A$ 算法，运用现存的方法如 SLINK 和 UPGMA 针对中间层次类簇的中心点构建层次结构[4]。作为一种较新的聚类框架，hSync 通过"同步"机制形成类簇并且通过多轮交互形成一个聚类层次[7]。使用 Dirichlet 扩散树生成学习来做多粒度聚类的一族模型，它们的运行时间均长于 DenPEHC，这一点可以通过文献 [41] 中报道的几个小数据集上的运行时间得到验证。DenPEHC 方法在构建聚类层次结构上更加高效，原因是整个算法的三个组成部分 (确定中心点、查找台阶、拆分引领树形成类簇) 都非常高效。如果数据集具有海量高维的特点，我们还可以使用网格粒化框架继续使得 DenPEHC 适用。作为一个额外的优点，网格粒化框架还可以加速聚类过程 (参见 3.3.5 节)。然而，必须重申一点：DenPEHC 是一种非迭代的启发式算法，因此它非常高效。尽管实验中 DenPEHC 表现出了很好的性能，但是它缺乏严格的数学理论基础，以保证该算法一定能够获得满意的聚类结果。现存的大多数多粒度聚类方法恰好与此相反，也就是说，它们都是通过迭代过程来保证某个优化目标得到满足或近似满足。因此，本章所提出的 DenPEHC 方法应当条件性地选择使用，这也诠释了机器学习领域的"无免费午餐"定律。

3.5　本　章　小　结

本章提出一种不需要聚合或者拆分过程的多粒度聚类方法——Den-PEHC，还引入了一种网格粒化的框架使得 DenPEHC 可以用于海量高维数据的多粒度聚类。使用一种线性拟合的方法来筛选所有潜在中心点，把 γ 曲线中的台阶映射到多粒度聚类中的一个粒层。N_n 数组作为 DPC 中的一个中间结果，我们识别出它其实是一棵所谓的"引领树"，其加速指派非中心点数据到已选定中心点这一过程。对于海量高维数据，如果它的属性可以依据语义进行分组，则使用网格粒化框架，解决距离矩阵过大和高维度"距离集中"的问题，此外，该框架还能加速整个聚类过程。实验显示，相比研究前沿的一些方法，DenPEHC 具有高效 (速度加快了 1.8~33.2 倍)、准确、鲁棒等优点。

参 考 文 献

[1] Pedrycz W. Knowledge-Based Clustering: From Data to Information Granules [M]. New York: John Wiley & Sons, 2005.

[2] Miller G A. The magical number seven, plus or minus two: Some limits on our capacity for processing information [J]. Psychological Review, 1956, 63(2): 81.

[3] Manning C D, Raghavan P, Schütze H. Introduction to Information Retrieval [M]. Cambridge: Cambridge University Press, 2009.

[4] Bouguettaya A, Yu Q, Liu X, et al. Efficient agglomerative hierarchical clustering [J]. Expert Systems with Applications, 2015, 42(5): 2785–2797.

[5] de Morsier F, Tuia D, Borgeaud M, et al. Cluster validity measure and merging system for hierarchical clustering considering outliers [J]. Pattern Recognition, 2015, 48(4): 1478–1489.

[6] Santos J M, Sa J M D, Alexandre L A. LEGClust—A clustering algorithm based on layered entropic subgraphs [J]. IEEE Transactions on Pattern Analysis and Machine Intelligence, 2008, 30(1): 62–75.

[7] Shao J, He X, Böhm C, et al. Synchronization-inspired partitioning and hierarchical clustering [J]. IEEE Transactions on Knowledge and Data Engineering, 2013, 25(4): 893–905.

[8] Qin H, Ma X, Herawan T, et al. MGR: An information theory based hierarchical divisive clustering algorithm for categorical data [J]. Knowledge-Based Systems, 2014, 67: 401–411.

[9] Tang X, Zhu P. Hierarchical clustering problems and analysis of fuzzy proximity relation on granular space [J]. IEEE Transactions on Fuzzy Systems, 2013, 21(5): 814–824.

[10] Lin C R, Chen M S. Combining partitional and hierarchical algorithms for robust and efficient data clustering with cohesion self-merging [J]. IEEE Transactions on Knowledge and Data Engineering, 2005, 17(2): 145–159.

[11] Neal R M. Density modeling and clustering using Dirichlet diffusion trees [J]. Bayes Statist, 2003, 7: 619–629.

[12] Knowles D, Ghahramani Z. Pitman Yor diffusion trees for Bayesian hierarchical clustering [J]. IEEE Transactions on Pattern Analysis and Machine Intelligence, 2015, 37(2): 271–289.

[13] Mirzaei A, Rahmati M. A novel hierarchical-clustering-combination scheme based on fuzzy-similarity relations [J]. IEEE Transactions on Fuzzy Systems, 2010, 18(1): 27–39.

[14] Rashedi E, Mirzaei A. A hierarchical clusterer ensemble method based on boosting theory [J]. Knowledge-Based Systems, 2013, 45: 83–93.

[15] Yao J T, Vasilakos A V, Pedrycz W. Granular computing: Perspectives and challenges [J]. IEEE Transactions on Cybernetics, 2013, 43(6): 1977–1989.

[16] Xu J, Wang G, Yu H. Review of big data processing based on granular computing [J]. Chinese Journal of Computers (in Chinese), 2015, 38(8): 1497–1517.

[17] Rodriguez A, Laio A. Clustering by fast search and find of density peaks [J]. Science, 2014, 344(6191): 1492–1496.

[18] Zhu Y, Ting K M, Jin Y, et al. Hierarchical clustering that takes advantage of both density-peak and density-connectivity [J]. Information Systems, 2022, 103: 101871.

[19] Yang X H, Zhu Q P, Huang Y J, et al. Parameter-free laplacian centrality peaks clustering [J]. Pattern Recognition Letters, 2017, 100: 167–173.

[20] Zhu C, Wen F, Sun J. A rank-order distance based clustering algorithm for face tagging [C]. CVPR 2011, IEEE, 2011.

[21] Pei S, Zhang Y, Wang R, et al. A portable clustering algorithm based on compact neighbors for face tagging [J]. Neural Networks, 2022, 154: 508–520.

[22] Fu S, Wang G, Xu J, et al. IbLT: An effective granular computing framework for hierarchical community detection [J]. Journal of Intelligent Information Systems, 2022, 58(1): 175–196.

[23] Aggarwal C C, Reddy C K. Data Clustering: Algorithms and Applications [M]. Boca Raton: CRC Press, 2014.

[24] Hinneburg A, Keim D A. A general approach to clustering in large databases with noise [J]. Knowledge and Information Systems, 2003, 5(4): 387–415.

[25] Hinneburg A, Gabriel H H. Denclue 2.0: Fast clustering based on kernel density estimation [C]. Advances in Intelligent Data Analysis VII, 2007.

[26] Hodge V J, Austin J. A survey of outlier detection methodologies [J]. Artificial Intelligence Review, 2004, 22(2): 85–126.

[27] Radovanovic M, Nanopoulos A, Ivanovic M. Reverse nearest neighbors in unsupervised distance-based outlier detection [J]. IEEE Transactions on Knowledge and Data Engineering, 2015, 27(5): 1369–1382.

[28] Huang J, Zhu Q, Yang L, et al. A non-parameter outlier detection algorithm based on natural neighbor [J]. Knowledge-Based Systems, 2016, 92: 71–77.

[29] Grünwald P. A tutorial introduction to the minimum description length principle [M]//Advances in Minimum Description Length: Theory and Applications, Cambridge: MIT Press, 2005.

[30] Li H, Zhang K, Jiang T. Minimum entropy clustering and applications to gene expression analysis [C]. IEEE Computational Systems Bioinformatics Conference, 2004.

[31] Heller K A, Ghahramani Z. Bayesian hierarchical clustering [C]. Proceedings of 22nd International Conference on Machine Learning, 2005.

[32] Roweis S T, Saul L K. Nonlinear dimensionality reduction by locally linear embedding [J]. Science, 2000, 290(5500): 2323–2326.

[33] Belkin M, Niyogi P. Laplacian eigenmaps for dimensionality reduction and data representation [J]. Neural Computation, 2003, 15(6): 1373–1396.

[34] Guha S, Rastogi R, Shim K. Cure: An efficient clustering algorithm for large databases [J]. ACM SIGMOD Record, 1998, 27: 73–84.

[35] Wu X, Zhu X, Wu G Q, et al. Data mining with big data [J]. IEEE Transactions on Knowledge and Data Engineering, 2014, 26(1): 97–107.

[36] Carroll J D, Arabie P. Multidimensional scaling [J]. Annual Review of Psychology, 1980, 31: 607–649.

[37] Böhm C, Plant C. HISSCLU: A hierarchical density-based method for semi-supervised clustering [C]. Proceedings of 11th International Conference of Extending Database Technology: Advanced Database Technology, 2008: 440–451.

[38] Reiss A, Stricker D. Introducing a new benchmarked dataset for activity monitoring [C]. IEEE 2012 16th Annual International Symposium on Wearable Computers, 2012.

[39] Chavarriaga R, Sagha H, Calatroni A, et al. The opportunity challenge: A benchmark database for on-body sensor-based activity recognition [J]. Pattern Recognition Letters, 2013, 34(15): 2033–2042.

[40] Chavarriaga R, et al. Collecting complex activity datasets in highly rich networked sensor environments [C]. IEEE 2010 Seventh International Conference on Networked Sensing Systems, 2010.

[41] Knowles D A, Van Gael J, Ghahramani Z. Message passing algorithms for the Dirichlet diffusion tree [C]. International Conference on Machine Learning, 2011.

第 4 章　基于胖节点引领树和密度峰值的数据流聚类

4.1　引　　言

如今，由于传感器、网络、智能手机和监控技术的发展，数据流无处不在。在环境监测、城市交通负荷监控 [1] 和电子商务 [2] 等特定领域，数据流相关研究较多。由于大数据时代的大多数数据流都是未被标记的，因此数据流聚类是从数据流中查找异常点和数据归纳的一项关键技术 [3]，已成为数据挖掘领域的一个重要研究课题。

数据流聚类的主要技术难点包括：① 数据持续流入，因此通常无法将所有原始数据都保存在硬盘上，故要求仅通过一遍扫描就能够完成处理。② 随着数据流中的数据点不断到达，其模式可能会偶尔或频繁地发生改变 [4]。已经有一些用于解决此类问题的研究报道，如文献 [5]∼ [12]。

当前的数据流聚类技术按照其基础聚类方法可以分为两类：类似于 K-means 的和基于密度的。前者通过最小化所有非中心点到所属中心点的距离之和来发现类簇，因此这一类方法不能够发现非球形类簇。后者依据数据点在其所嵌入的空间中的密度分布来对它们进行聚类，因此基于密度的方法可以正确地检测到任意形状的类簇。但是，某些基于密度的数据流聚类方法 (如 D-Stream [8] 和 MR-Stream [7]) 通过密集网格的概念来形成类簇，而密集网格由预先设定的参数来确定，因此当数据中存在密度水平不同的类簇时，这类方法的准确性将会降低。最近，Hahsler 和 Bolanos 提出一种基于微类簇的数据流聚类方法 (DB-STREAM) 来解决此问题，该方法通过一种共享密度图来描述微类簇之间的密度 [11]。

在类似 K-means 的数据流聚类方法中，Aggarwal 等提出了大规模演化数据流聚类的 CluStream 模型 [13]，随后又将 CluStream 扩展成 HPStream 以便聚类高维数据流 [3]。Zhang 等提出了一种称为 STRAP 的数据流聚类方法 [9]，该方法将近邻传播 (affinity propagation，AP) 聚类算法 [14] 扩展到演化数据流场景。Lughofer 和 Sayed-Mouchaweh 扩展演化向量量化 eVQ 为 eVQ-

A[10,15]。这是一种只需扫描一遍数据和逐个处理样本的数据流聚类方法，能够实时提供聚类结果并且不需要重新训练。该方法可以检测到任意位置和方向的凸形类簇。虽然类 K-means 数据流聚类方法不能够侦测到非球形类簇，但是在数据集中的类簇确实为球形的情况下，类 K-means 方法将会获得比基于密度的方法更低的簇内平方和 (within cluster sum of squares, WCSS)，原因在于 K-means 算法本就是以最小化 WCSS 为目标。例如，文献 [11] 中，CluStream 就有两次获得了比 DB-STREAM 更低的 WCSS。

在基于密度的数据流聚类中，Cao 等提出了一种称为 DenStream 的演化数据流聚类方法 [6]；而 D-Stream [8] 是一种基于网格密度的数据流聚类算法，它把网格组织成一棵红黑树。MR-Stream [7] 能够在数据流中发现多分辨率类簇，基本思想是首先把数据填入树状组织的多粒度元胞中，然后依据这些元胞的权重、体积和密度对其聚类。Hahsler 和 Bolanos 提出 DB-STREAM [11] 数据流聚类方法，其基于微类簇的在线聚类组件通过共享密度图获取微类簇之间的密度。DB-STREAM 解决了在元胞内部的数据点非均匀分布和两个稠密元胞被低密度小区域分割情况下，D-Stream 和 MR-Stream 所遇到的问题。上述所有基于密度的数据流聚类方法都属于“在线-离线”模式。“在线-离线”意味着这种流聚类方法由两个组件构成。“在线”组件负责维护流入数据对象的微类簇结构，而“离线”组件在用户提交类簇查询请求时执行基于微类簇的最终聚类。

也有一些研究结合了 K-means 和密度两种思想，因而不宜划分为上述两类之中任何一类。例如，Rehman 等成功地将 D-Stream(或 MR-Stream) 中“将数据装入网格”和 CluStream 中“合并最近邻的微类簇”两种思想结合起来，提出了一种新的流聚类方法 [16]。另外，还有一些数据流的层次聚类模型，不需要指定类簇个数就能返回更具信息量的层次结构 [17,18]。

在对演化数据流聚类时，主要类簇 (整棵引领树的根所在的类簇) 有可能随时间推移而改变。如果不把改变点标记出来，在聚类结果评价的时候将会发生错误，因为一旦发生漂移，同样标记为 C_1 的类簇实际上已经不是之前的 C_1 类了。因此在演化数据流聚类中，改变点侦测是必要的。Zhang 等在 STRAP 中使用 Page-Hinkley 测试检测改变点 [9]。Koshijima 等提出一种非参数高效改变点检测方法 [19]，称为“词袋”。Ho 和 Wechsler 提出一种侦测时变数据流中改变点的通用鞅框架，通过测试数据的可交换性判断是否发生了漂移 [12]。这种基于鞅的改变点检测方法对本章的研究非常重要，本章在鞅框架中利用 FNLT 结构很方便地检测出了主改变点。

近年来，国际上关于数据流聚类的研究十分活跃。澳大利亚悉尼科技大学 Jie Lu 研究组提出了一种新的自适应回归方法——基于模糊聚类的自适应回归（fuzzy clustering-based adaptive regression, FUZZ-CARE），用于动态识别、训练和存储数据流中的模式，并对将到来的数据分配属于这些模式的隶属度。隶属度由从核模糊 C-means 聚类中获得的隶属度矩阵表示，该聚类采用回归参数进行同步训练和调整 [20]。英国德蒙福特大学 Fahy 等提出的蚁群流聚类（ant colony stream clustering, ACSC）方法将类簇识别为微类簇组。滑动窗口模型用于读取流，并且在窗口的单次通过期间逐渐形成粗糙类簇。采用随机方法来找到这些粗糙的类簇，与确定性方法相比，随机方法可以显著加快算法的速度，而性能成本却很小 [21]。日本国家先进工业科学技术研究院 Ouyang 和 Shen 提出基于信息粒描述子扩展的具有噪声数据应用的基于密度的空间聚类（density-based spatial clustering of applications with noise，DBSCAN）方法，解决了传统密度数据流聚类低可扩展性、高计算代价的问题 [22]。

本章提出一种名为 DP-Stream 的数据流聚类方法，该方法使用密度峰值聚类中发现的引领树结构作为信息表达模型。首先利用初始缓存数据构建一棵引领树。一旦使用第 3 章中的线性拟合方法自动选择了中心点，这棵引领树就可以表达对初始缓存数据聚类的结果。然后将距离最短的数据点合并到其相应的父节点，从而该引领树粒化成为一棵胖节点引领树 (fat node leading tree, FNLT，具体定义参见 4.3.1 节)，捕捉到数据流中最细粒度数据点的概貌 [23]。Heinz 和 Seeger 提出使用类簇核表示数据流中的一组对象 [24]，他们也解决了在数据流聚类中限制内存开销的问题，其中的类簇核和本章的胖节点一样都可以视作信粒。但是文献 [24] 和本章的方法也有明显的区别，因为胖节点只是紧挨在一起的原始数据合并而成的，而不是作为结果的类簇。随着数据对象流入，只要所有数据点 (包括现存点和新到达的点) 的局部密度通过增量更新方式计算出来，这些新到数据的类簇归属就可以被快速确定。图 4.1 为 DP-Stream 简化示意图。

在一轮新数据聚类的最后阶段，当前的 FNLT 和新到的一批数据点又重新进行粒化以便维持节点总量相对稳定。然后新的 FNLT 等候数据流中的下一批对象到来。同大多数的数据流聚类方法一样，DP-Stream 包含淡出机制，更加强调当前数据、淡出时间久远的历史数据；同时还包括改变点检测功能以处理数据流的概念漂移问题。然而，与其他方法的不同之处在于，由于 FNLT 结构的性质，本章的模型非常简单地实现了这两个功能。

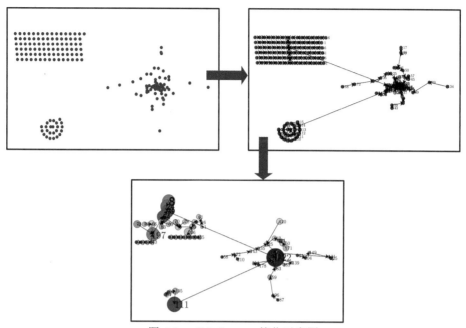

图 4.1　DP-Stream 简化示意图

从上到下：算法运行之前的缓存数据 → 初始引领树 → 将初始引领树粒化为 FNLT 并且收纳新的数据对象融入 FNLT，新数据的类簇标记可以立即获得。颜色代表局部密度，色调越暖，密度越高。半径表示每个节点包含的原始数据点数 (也称为权重)

DP-Stream 具有以下显著特征：

(1) 它可以侦测到任意形状以及不同密度等级的类簇；

(2) 以一种简单的方式高效准确地侦测到概念漂移；

(3) 为不断演变的数据流概要提供一种直观上可以解释的可视化方法；

(4) 通过高效的增量更新实现 FNLT 的演化，这样 DP-Stream 就可以实时为流入的数据提供聚类结果。

现有的大多数数据流聚类方法，如 DB-STREAM、MR-Stream、CluStream 都具有"在线-离线"组件。然而，这一类模型不能很好地适应某些应用 (如系统监控)。因为这些应用要求类簇信息总是就绪。据我们所知，DP-Stream 率先使用基于密度峰值的引领树结构对数据流聚类，已被中东技术大学 Volkan Atalay 教授列为五种全在线数据流聚类方法之一 [25]。

本章余下内容安排如下：4.2 节讨论引领树结构中的偏序关系。4.3 节描述 DP-Stream 数据流聚类方法，包括下列组件：异常点检测、概念漂移检测、数据老化与弱节点删除等。4.4 节讨论增量式维护 FNLT 结构的计算复杂性。4.5 节详细介绍在人工数据集和真实数据集上的实验。4.6 节是本章小结。

4.2 引领树结构中的偏序关系

经过观察和思考，我们发现 DPC 的中间结果 N_n 实际上代表了一棵树。树中除了根的任意节点 x 都由其父节点引领加入该父节点所属的类簇，除非 x 本身是一个类簇的中心。所以我们称这棵树为引领树，称一个节点 x 的父节点为引领节点。

DPC 中，多个类簇中心点之间的关系不是像 K-means 和近邻传播 (affinity propagation，AP)，聚类中那样的对等关系，而是一种偏序关系。为了后面讨论改变点检测时方便，在此给出两个定义。

定义 4.1 η 运算符 对于一棵引领树中的任意非根节点 x，都存在一个节点 p，使得 $\eta(x) = p$ 成立，其中 p 是距离 x 最近且密度高于 x 的节点。形式化地，$\eta(x) = p$ iff $p = \underset{y}{\arg\min}\{d_{x,y}|\rho_x < \rho_y; x, y \in X\}$。

记 $\underbrace{\eta(\eta(\cdots\eta(\cdot)))}_{n \text{ times}} = \eta^n(\cdot)$，如第 3 章图 3.1 中，$\eta(x_6) = x_{13}$，$\eta^2(x_9) = x_{12}$。

定义 4.2 引领树中的偏序关系 设 $x_i, x_j \in X$ 是一棵引领树中的两个节点，称 $x_i \prec x_j$，当且仅当 $\exists m \in N^+$ 使得 $x_j = \eta^m(x_i)$ 成立。

显然，根节点 C_1 满足 $C_i \prec C_1$，$\forall C_i \in C \backslash C_1$。其中，无论有多少个类簇，$C_1$ 一定是某个类簇的中心。以此为出发点，可以定义 DP-Stream 中的显著漂移，详见 4.3.4 节。

4.3 DP-Stream 算法

本节使用胖节点引领树 (FNLT，具体定义详见 4.3.3 节) 对数据流聚类。具体来说，该算法针对非静态分布的数据流实现在线实时聚类。该算法称为 DP-Stream (规范描述见算法 4.1，示意图见图 4.2)，包含以下步骤。

(1) 利用初始缓存数据计算下列向量: ρ、δ 和 N_n。以此为基础，构建引领树。通过对 γ 向量做线性拟合自动筛选聚类中心，每个数据点的类簇标签保存为 **Cl** 向量。

(2) 将引领树粒化为 FNLT，具体方法是合并靠得最近的那些数据点。

(3) 以批处理的方式更新不断演化的 FNLT:

3a. 对于新到数据项 x_{new}，首先针对 x_{new} 和当前 FNLT 中所有节点增量更新 ρ 和 δ。为 x_{new} 计算奇异参数 θ 以便确定它是否是一个异常点 (或者是一个概念漂移的起始点)。

算法 4.1: DP-Stream 算法

Input: 数据流 X

Output: 类簇信息 Cl, 异常点, 改变点

1 **Procedure**:

2 构建初始引领树;

3 粒化引领树 (算法 4.2);

4 **while** *Data X_{new} streaming in* **do**

5   **if** X_{new} 非奇异 **then**

6   把 X_{new} 融入 FNLT, 输出 Cl_{new} (算法 4.3);

7   **else**

8   缓存 $BufferSize$ 个新数据点;

9   **for** *each data point X_{new} in the Buffer* **do**

10   **if** X_{new} 是噪声 **then**

11   抛弃 X_{new} 或存于外存上;

12   **else**

13   把 X_{new} 融入 FNLT, 输出 Cl_{new};

14   检测漂移;

15   淡出, 删除弱节点;

16   粒化、更新 FNLT;

3b. 找到新到数据点 x_{new} 的父节点, 如果 x_{new} 不是奇异的, 就将父节点的类簇标记立即赋予 x_{new}。如果 x_{new} 是奇异的, 那么它的聚类结果就需要推迟到缓冲区填满后才能确定。

3c. 判断是否发生了概念漂移。如果发生了漂移, 那么就标记改变点以便将来评价聚类质量时使用; 如果这些奇异数据最后判断为异常点, 则将它存储到硬盘或者直接丢弃。

3d. 淡出历史节点。删除弱节点。

3e. 为了保持树中节点的精简, 融入新到节点的 FNLT 进一步粒化为一棵新的 FNLT。

只要还有数据流入, 就迭代执行步骤 3a ~ 3e。DP-Stream 的复杂性在

4.4 节分析，性能评价在 4.5.2 节介绍。

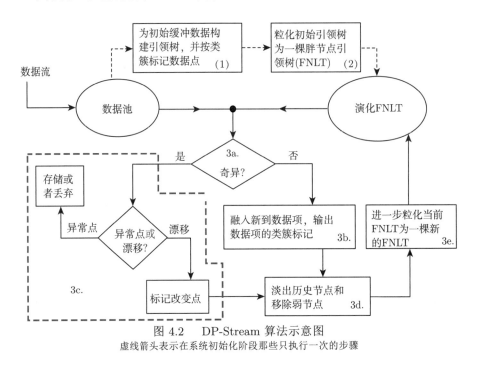

图 4.2   DP-Stream 算法示意图
虚线箭头表示在系统初始化阶段那些只执行一次的步骤

4.3.1 引领树和胖节点引领树的粒化

为了避免 FNLT 的规模持续增长，同时保存数据流中近期数据的必要信息，我们采用两种策略：一种是粒化，即将最紧邻的节点合并到它们对应的父节点中去；另一种是淡出-移除机制。当一个数据项 x_m 合并给满足 $L = \eta(x_m)$ 的节点 L 时，执行 $T'.\boldsymbol{\rho}_L \leftarrow T.\boldsymbol{\rho}_L + T.\boldsymbol{\rho}_{x_m}$ 和 $T'.W_L \leftarrow T.W_L + T.W_{x_m}$，其作用是将 x_m 的局部密度和权重 (即所包含的原始数据点数) 都加到它的父节点。并且，对于任何满足 $x_m = \eta(y)$ 的 y，赋值 $L \leftarrow \eta(y)$，即如果原来 x_m 是某些节点的父节点，那么让 L 接替它的父节点角色。更多关于 FNLT 粒化的细节，参见算法 4.2。

手动设置一个参数轮廓指数 (SI) 用于控制在引领树粒化之后还剩下多大比例的节点。排在 SortDeltaInds 中最前面的 N_{merge} 个数据点 ($x_m^{(1)}, \cdots,$ $x_m^{(N_{\text{merge}})}$) 分别合并到它们对应的父节点。如果一个父节点 $L_{(i)} = \eta(x_m^{(i)})$ 已经被合并给 L'，那么就将 $x_m^{(i)}$ 传递地合并给 L'，并相应地修改 $\text{new}N_n$ 和 RemainInds 向量。$\text{new}N_n$ 保存修改过的 N_n 值，RemainInds 用于存储粒化后还剩下的胖点的 ID。

例 4.1 对第 3 章例 3-1 中介绍的含有 13 个节点引领树进行粒化演示
FNLT 粒化算法。如果设置 SI = 0.55，则保留下来的胖节点数目为 6，另外
7 个节点 $\{x_9, x_{10}, x_{12}, x_2, x_3, x_4, x_8\}$ 已经被合并给它们各自的父节点，如图
4.3 所示。

算法 4.2：FNLT 粒化

    Input: 原有的胖节点引领树 T, 草图指数 (SI)

    Output: 粒化之后的新胖节点引领树 T'

1 **Procedure**:

2   $N_{merge} \leftarrow \lceil N(1 - SI) \rceil$;

3   $\boldsymbol{newNn} \leftarrow T.\boldsymbol{Nn}$;

4   $[\boldsymbol{\delta^s}, \boldsymbol{SInd_\delta}] \leftarrow SortAscend(T.\boldsymbol{\delta})$;

5   $RemainInds \leftarrow$;

6   $i \leftarrow 0$;

7   **for** $\boldsymbol{SInd_\delta}$ 中前 N_{merge} 个元素的每一个元素 j **do**

8       $i \leftarrow i + 1$;

9       $RemainInds_i \leftarrow newNn_j$;

10   **if** $newNn_m == j$ for any $m \in [1, N]$ **then**

11         $newNn_m \leftarrow newNn_j$;

12   **if** $RemainInds_m == j$ for any $m \in [1, i-1]$ **then**

13         $RemainInds_m \leftarrow newNn_j$;

14   追加 $\boldsymbol{SInd_\delta}$ 中剩下的 $N - N_{merge}$ 个元素到 $RemainInds$;

15   $U \leftarrow \text{Unique}(RemainInds)$;

16   $T'.X \leftarrow T.X_U$;

17   $T'.\boldsymbol{w}_i \leftarrow \sum\limits_{k \in M_i} T.w_k$, 这里 M_i 是 T 中被合并到 $T'.X_i$ 的节点集;

18   $T'.\boldsymbol{\rho}_i \leftarrow \sum T.\rho_{M_i}$, ;

19   通过 $T'.X$ 从 $T.D$ 中提取出 $T'.D$;

20   基于 $T'.D$ 和 $T'.\boldsymbol{\rho}$ 更新 $T'.\boldsymbol{\delta}$ 和 $T'.\boldsymbol{Nn}$;

4.3.2 异常点检测

    由于数据采集或生成的来源多种多样，不同的原因会导致异常数据点经
常出现。相应地，异常点检测相关研究较多。异常点检测的目的是找出和移
除数据集中的非正常数据 [26]。最近，Radovanovic 等基于逆向最近邻和枢纽
定义了反枢纽，特别适用于高维数据场景中的异常点检测 [27]。Huang 等结合

最近邻和逆向最近邻的思想提出自然近邻的概念，通过自然近邻计算自然值和自然异常点因子来选择异常数据点[28]。

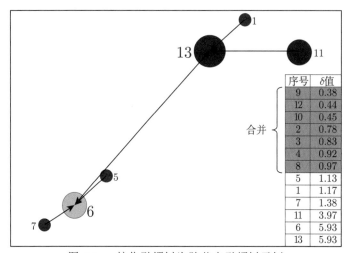

序号	δ值
9	0.38
12	0.44
10	0.45
2	0.78
3	0.83
4	0.92
8	0.97
5	1.13
1	1.17
7	1.38
11	3.97
6	5.93
13	5.93

图 4.3　　粒化引领树为胖节点引领树示例

形状的大小反映了所包含原始数据点的数量 (尺寸越大，数量越多)，颜色反映了每个节点的局部密度高低
(颜色越偏向暖色，密度越大)

在密度峰值聚类方法中，异常点的特征是 δ 距离很大而局部密度 ρ 很小[29]，因此可以用 δ 除以 ρ 的商来检测异常点 (注意到根据定义总有 $\rho > 0$)。与中心点筛选相似，定义一个参数 $\theta = \delta/\rho$ 用于指示一个数据点在多大程度上可能是一个异常点。这种方法在 DP-Stream 算法中很方便实现，因为每个数据点的 ρ 值和 δ 值已经在构建引领树阶段计算完毕，而且用于选择特别大值的线性拟合例程也在中心点筛选时准备好，可以直接重用 (算法 3.1)。然而，异常点检测和中心点筛选有一点不同之处，即 θ 值很大的点，有可能是它的 δ 值非常大而同时 ρ 值相对也较大。而一个具有较大 ρ 值的点意味着它的周围围绕着一组数据对象，这样的点绝不可能是异常点。因此，在第一步选择了 θ 值异常大的数据点之后，还需要进一步过滤掉 ρ 值相对来说较大的点。经过这两步之后，留下来的点就是异常点，可以直接删除或者是存储在硬盘上 (如果认为有必要)。

例 4.2　使用 θ 参数识别奇异数据，并且使用缓存机制区分异常点的新模式如图 4.4 所示。从 FNLT 中分离出奇异数据项或者异常点，该 FNLT 创建于例 4-1 中。

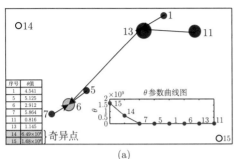
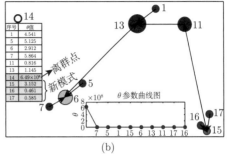

$$(a) \qquad\qquad\qquad\qquad (b)$$

图 4.4 异常点和新模式检测示例

(a) 两个新到数据点 x_{14} 和 x_{15}, 因为它们特别大的 θ 值而被检测为奇异点; (b) x_{14} 被确定为异常点, 当 x_{16} 和 x_{17} 出现在数据流中之后, x_{15} 被识别为新模式中的一个成员

4.3.3 胖节点引领树的增量式更新

一棵 FNLT 可以被定义为一个七元组 $(X, W, D, \rho, \delta, N_n, \mathrm{Cl})$, 其中, 各个元素的含义如前文所述 (或见 "本书常用记号")。初始化阶段构建的引领树可以看作是一棵 FNLT, 只不过它的各个节点的权重为 1, 即 $\boldsymbol{W} = (1, \cdots, 1)$。

为了尽快交付新到数据点的聚类结果, 在增量更新新到数据和现存节点的密度, 并且确认该数据不是奇异点之后, 立即将每个新到数据赋予和它的父节点相同的类簇标签, 并且将整个 FNLT 结构更新, 包括可能的中心点改变, 都延迟到 FNLT 粒化之前进行。将新数据点融入 FNLT 的过程具体见算法 4.3。

算法 4.3 是 DP-Stream 的核心。它是一个准确的增量更新算法, 将 DPC 算法扩展到数据流聚类场景。

定理 4.1 使用增量更新算法 4.3 构建的新 FNLT 和非增量算法构建的新 FNLT 是相同的。

证明 为了证明算法 4.3 的正确性, 我们可以通过证明 FNLT 七元组中的每个元素 $(X, \boldsymbol{W}, \boldsymbol{D}, \boldsymbol{\rho}, \boldsymbol{\delta}, \boldsymbol{N_n}, \mathrm{Cl})$ 经由算法 4.3 计算得到的值等于通过非增量方法直接计算得到的值。

(1) $\boldsymbol{\rho}$。记 $T.\boldsymbol{\rho}$ 为 $(\rho_1^T, \cdots, \rho_N^T)$, 记 x 点到来且通过增量更新方法计算的 $\boldsymbol{\rho}$ 为 $\boldsymbol{\rho}^{\mathrm{Inc}} = \{\rho_i^{\mathrm{Inc}}\}_{i=1}^{N+1}$, 记通过非增量式方法计算的结果为 $\boldsymbol{\rho}^{\mathrm{NonInc}} = \{\rho_i^{\mathrm{NonInc}}\}_{i=1}^{N+1}$。对于新数据点 x 的局部密度:

$$\rho_{N+1}^{\mathrm{Inc}} = \rho_{N+1}^{\mathrm{NonInc}} = \sum_{i=1}^{N} w_i \mathrm{e}^{-\left(\frac{d_{i,\mathrm{new}}}{d_{\mathrm{c}}}\right)^2} \qquad (4.1)$$

式中，w_i 为第 i 个节点的权重，即它包含了多少个原始节点；d_c 为截断距离参数。

算法 4.3: 增量更新 FNLT

Input: 现存的 FNLT T, 一条新到数据 x

Output: 更新之后的 FNLT

1　**Procedure**:

2　**Step1**: //更新 $T.\boldsymbol{\rho}$, 为 x 计算 ρ_x

3　**for** *each point x_i in $T.X$* **do**

4　　　$d_{i,new} \leftarrow \text{computeDistance}(x_i, x)$;

5　　　$\text{IncreValue} \leftarrow exp(-(d_{i,new}/dc)^2)$;

6　　　$T.\rho_i \leftarrow T.\rho_i + \text{IncreValue}$;

7　　　$\rho_x \leftarrow \rho_x + \text{IncreValue}* T.W_i$;

8　追加 ρ_x 到 $T.\boldsymbol{\rho}$;

9　**Step2**: // 扩展 $T.\boldsymbol{D}_{N \times N}$ 为 $T.\boldsymbol{D}_{(N+1) \times (N+1)}$

10　$T.\boldsymbol{D}_{(N+1) \times (N+1)}$ 最后一行 $\leftarrow [\boldsymbol{d_{new}}, 0]$;

11　$T.\boldsymbol{D}_{(N+1) \times (N+1)}$ 最后一列 $\leftarrow [\boldsymbol{d_{new}}, 0]^T$;

12　**Step3**://为 x 计算 δ_x 和 Nn_x

13　**if** ρ_x 不是最大的密度 **then**

14　　　$Nn_x \leftarrow \underset{i}{\text{argmin}} \{T.D_{i,N+1} | i \in [1, N], T.\rho_i > \rho_x\}$;

15　　　$\delta_x \leftarrow \min\{\text{T.D}_{i,N+1} | i \in [1, N], T.\rho_i > \rho_x\}$;

16　**else**

17　　　$Nn_x \leftarrow 0$;

18　　　$\delta_x \leftarrow \max\{\text{T.D}_{i,N+1} | 1 \leqslant i \leqslant N\}$;

19　**Step4**: //输出 x 的聚类结果

20　**if** ρ_x 不是最大的密度 **then**

21　　　$Cl_x \leftarrow Cl_{Nn_x}$;

22　**else**

23　　　$Cl_x \leftarrow Cl_s$, where $s = \underset{i}{\text{arg min}}\{D_{i,N+1}\}$;

24　**Step5**: //更新 $T.\boldsymbol{\delta}$ 和 $T.\boldsymbol{Nn}$

25　**if** x 没有改变 $T.\boldsymbol{\rho}$ 中元素的位序 **then**

26　　　$\boldsymbol{SI} \leftarrow \{i | \rho_i < \rho_x, 1 \leqslant i \leqslant N\}$;

27　　　**for** *each si in $\boldsymbol{SI}$* **do**

28　　　　**if** $T.D_{si,N+1} < T.\delta_{si}$ **then**

29　　　　　$T.\delta_{si} \leftarrow T.D_{si,N+1}$;

30　　　　　$T.Nn_{si} \leftarrow N+1$;

31　**else**

32　　　重新计算 $T.\boldsymbol{\delta}$ 和 $T.\boldsymbol{Nn}$ according to the definitions;

33　分别向 $T.\boldsymbol{\delta}$, $T.\boldsymbol{Nn}$, X, W 追加 δ_x, Nn_x, x, 1;

对于 x 到来之前 FNLT 中的各个胖节点，即 $1 \leqslant i \leqslant N$，有

$$\rho_i^{\text{Inc}} = \rho_i^T + e^{-\left(\frac{d_{i,\text{new}}}{d_c}\right)^2} \tag{4.2}$$

$$\rho_i^{\text{NonInc}} = \sum_{1 \leqslant j \leqslant N+1, j \neq i} w_j e^{-\left(\frac{d_{i,j}}{d_c}\right)^2} = \sum_{1 \leqslant j \leqslant N, j \neq i} w_j e^{-\left(\frac{d_{i,j}}{d_c}\right)^2} + 1 \times e^{-\left(\frac{d_{i,\text{new}}}{d_c}\right)^2} \tag{4.3}$$

另外，因为

$$\rho_i^T = \sum_{1 \leqslant j \leqslant N, j \neq i} w_j e^{-\left(\frac{d_{i,j}}{d_c}\right)^2} \tag{4.4}$$

将等式 (4.4) 代入式 (4.2)，得到

$$\rho_i^{\text{Inc}} = \rho_i^{\text{NonInc}}, \ 1 \leqslant i \leqslant N \tag{4.5}$$

结合式 (4.5) 和式 (4.1)，$\rho^{\text{Inc}} = \rho^{\text{NonInc}}$ 获证。

(2) D。新到点并不会改变原来已存在的点对之间的距离。所以增量更新方法所需要做的只是将 $D_{N+1,\bullet}$ 和 $D_{\bullet,N+1}$ 添加到 D，如算法 4.3 中第 2 步所描述。增量更新和非增量计算的 D 显然相等。

(3) N_n。N_n 的增量更新包括两个部分：计算 N_{n_x} 和更新现存的 N_n。① 计算 N_{n_x}。如果 ρ_x 不是最大的局部密度，则 $N_{n_x} \leftarrow \underset{i}{\operatorname{argmin}}\{T.D_{i,N+1} | i \in [1, N], T.\rho_i > \rho_x\}$；否则，$N_{n_x} \leftarrow 0$。这种方法和非增量式方法是相同的。② 更新现存的 $T.N_n$。通常情况下，单独一个数据点并不会改变原有数据的密度排序 $T.Q$。因此算法 4.3 的第 5 步首先找到满足 $\rho_y < \rho_x$ (条件 1) 的 y 点 (可能有很多个)。其次，如果 $D(x,y) < D(y, N_{n_y})$ (条件 2) 成立，则 $N_{n_y} \leftarrow x$ (第 5 步)。这一步骤保留了不能同时满足上述两个条件的节点 N_n 值不变，因为 $T.N_n$ 实际上由 $T.D$ 和 $T.Q$ 完全决定。但是也存在这样的情况，x 使得原有的密度排序 $T.Q$ 发生了改变。此时直接利用 $T.D$ 和 $T.\rho$ 重新计算 $T.N_n$，这种情况下增量更新的复杂度会增加至 $O(n_f^2)$。

(4) δ。根据 δ 的定义，δ_x 和现存的 δ 都能立即获得，只要 N_n 和 D 已经正确更新。

(5) Cl。如果 ρ_x 是最大密度值，则 x 被标记为类簇 1 (x 是整棵 FNLT 的根节点)；否则 Cl_x 就按照定义赋值为 $\text{Cl}_{N_{n_x}}$。

(6) X 和 W。增量更新 X 和 W 是很直接的，让 $X = [X, x]$ 和 $W = [W, 1]$

(第 5 步最后一句)。

从 (1) 到 (6)，可以发现 $(X, W, D, \rho, \delta, N_n, \mathrm{Cl})$ 中的每一个元素通过增量方法和非增量方法更新的结果相同。因此算法 4.3 的正确性得证。

例 4.3　基于例 4.1 中的 FNLT，图 4.5 演示了算法 4.3 的基本思想。在原来的 13 个节点被粒化成 6 个胖节点之后，一个新的数据点 (x_{14}) 到达。在使用增量更新方法更新和扩展了 FNLT 定义中的各个元素之后，就得到了一棵新的 FNLT。

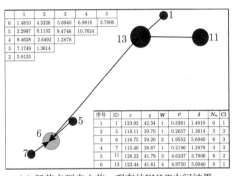
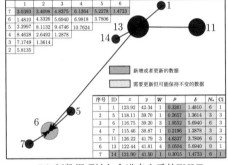

(a) 新节点到来之前，现存的FNLT中间结果　　　　(b) 新数据项被包含进来之后的FNLT

图 4.5　算法 4.3 示意图

将在 4.4 节中讨论算法 4.3 的加速效果。

4.3.4　概念漂移检测

数据流聚类中的一个关键难点是检测数据流底层生成过程中的变化，称之为漂移。Ho 和 Wechsler 提出一个鞅框架检测数据生成模型的改变[12]。首先介绍 Ho 和 Wechsler 研究工作的核心思想，然后将它引入漂移检测问题中。

定义 4.3　可交换性[12]　$\{Z_i : 1 \leqslant i < \infty\}$ 是一个随机变量序列。随机变量序列 $Z_1, \cdots, Z_n, \cdots$ 是可交换的，如果对于每个有限的随机变量子集 (包含 n 个随机变量)，联合分布 $p(Z_1, \cdots, Z_n)$ 在随机变量下标任意交换后保持不变，即对于任意定义在集合 $\{1, \cdots, n\}$ 上的交换 π，$p(Z_1, Z_2, \cdots, Z_n) = p(Z_{(1)}, Z_{(2)}, \cdots, Z_{(n)})$。

数据流环境下的一个改变一般定义为在时间 t_0 处，θ 参数的值从 θ_0 变成了 θ_1[30]。在 DP-Stream 中我们采用这种定义。

定义 4.4　鞅[12]　一个随机变量序列 $\{M_i : 0 \leqslant i < \infty\}$ 对于另一个随机变量序列 $\{Z_i : 0 \leqslant i < \infty\}$ 而言是鞅，如果对于所有的 $i \geqslant 0$，下述条件成立：

- M_i 是 $Z_0, Z_1, \cdots, Z_i$ 的可度量函数；
- $E(|M_i|) < \infty$，以及 $E(M_{n+1}|Z_0, \cdots, Z_n) = M_n$。

让 Z_i 表示 i 时刻的整棵 FNLT 的根 (也称为首要中心)，M_i 表示 Z_i 和 Z_{i-1} 之间的距离。直观上，在没有发生漂移的情况下 M_i 应该保持一个较小的值，同时伴随一些扰动。

在将鞅理论应用到 DP-Stream 中之前，提出一个假设：在 i 时刻发生漂移的必要条件是，在 $i-1$ 时刻 FNLT 中至少存在两个类簇。这个假设是合理的，因为缓冲区大小 (用于更新 FNLT 的一批数据点的数量) 的选择一般是远小于整棵 FNLT 所包含的原始数据点数，也就是所有胖节点的权重总和的。因此，漂移发生的过程必然体现为旧模式的逐渐淡出和新模式的逐渐出现。

在 DP-Stream 中，漂移发生是当且仅当首要中心 C_i^T 的距离发生了很大的改变，以至于 C_i^T 和前一时刻的首要中心 C_{i-1}^T 之间的距离远于到前一时刻某个其他次要中心点的距离。结合 4.2 节中的定义，形式化地表述为

定理 4.2 时刻 i 是一个改变点，如果 $\exists C_{i-1}^S \prec C_{i-1}^T$，则 $T.D_{C_i^T, C_{i-1}^S} < T.D_{C_i^T, C_{i-1}^T}$。

证明 DPC 方法中，Cl 的赋值是与其对应中心点的 ρ 相一致的，即 $\text{Cl}_{\rho\text{Ind}_1} = 1$，$\text{Cl}_{\rho\text{Ind}_2} = 2$，等等，其中，$\rho\text{Ind}_i$ 通过 $[\rho^s, \rho\text{Ind}] = \text{sortDesc}(\boldsymbol{\rho})$(以 $\boldsymbol{\rho}$ 降序排列得到对应下标) 计算得到。如果 $T.D_{C_i^T, C_{i-1}^S} < T.D_{C_i^T, C_{i-1}^T}$，意味着整棵 FNLT 的根变换到了另一个中心点。用 α 表示 C^T 在 X 所嵌入的空间中的坐标，那么 α 的取值必然从 α_0 变为另一个相差较大的 α_1，因为在 DPC 中，中心点的定义说明两个中心点之间的距离相对来说很远。

一个用于演示定理 4.2 的例子如图 4.6 所示。图中的位置，颜色和引领关系都来自真实的数据和计算结果。图 4.6(a) 中，x_3 是 C^T，因为 x_1, x_2, x_3 比其他的四个数据点聚集得更为紧密，这就导致 x_3 具有最大的 ρ 值。而在下一时刻 [图 4.6(b)]，一个新的数据点 x_8 到来并且位于 $x_4, \cdots, x_7$ 这四个点的中间，因此，x_8 现在就是密度最大的点，并且被选作 C^T。如果使用角坐标表示 x_3 为 $\alpha_0 = (r_0, \varphi_0)$，表示 x_8 为 $\alpha_1 = (r_1, \varphi_1)$，则显然有 $\alpha_0 \neq \alpha_1$，中心点分布的可交换性不再满足。

改变点就指示一个显著的漂移，聚类结果必须以每一次漂移发生为界，独立地进行评估。因为漂移发生后，相同的类簇标签所代表的数据分布可能已经发生了很大的改变，即它们不再是实际上的同一类簇。

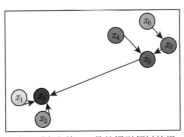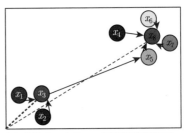

(a) 在 x_8 到来之前，x_3 是整棵引领树的根，
所以现在 $\{x_1, x_2, x_3\}$ 的类簇标签是1

(b) 在纳入 x_8 之后，x_8 就是整棵树的根，
此时 $\{x_1, x_2, x_3\}$ 的类簇标签变成2，
而 $\{x_4, \cdots, x_8\}$ 的类簇标签是1

图 4.6　数据流中的概念漂移示例

4.3.5　数据老化与弱节点删除

为了强调近期数据的重要性并逐渐遗忘陈旧的数据，DP-Stream 针对历史数据使用淡出-退出机制。文献 [3] 首先提出了一个称为半生命 (half-life) 周期的参数，用于淡出历史数据。我们选用在时间系统中广泛使用的指数形式淡出函数，逐渐降低历史数据的重要性。

定义 4.5　半生命周期　在 DP-Stream 中，一个数据点 x_i 的半生命周期 t_0 定义为 $w_i \cdot f(t_0) = w_i \cdot (1/2)$ 成立的时间点。其中，$f(t) = \mathrm{e}^{-\lambda t}, \lambda > 0$。

由于 $\mathrm{e}^{-\lambda t} = 1/2 \Rightarrow \lambda = \ln 2/t$，因此，在给出 t_0 情况下，λ 很容易得到。试验中，在每次重新构建 FNLT 之前，执行 $W \leftarrow W \cdot \mathrm{e}^\lambda$ 和 $\rho \leftarrow \rho \cdot \mathrm{e}^\lambda$。经过许多轮的淡出之后，如果没有新的节点合并进来，某些点的权重会变得很小 (如小于某个阈值 RemovalThre)。此时，就把它们从 FNLT 中移除。

4.4　复杂性分析

DP-Stream 的空间复杂性依赖于轮廓指数 (SI) 以及缓冲区的大小。由于 FNLT 定义为 $(X, W, D, \rho, \delta, N_n, Cl)$，用于存储一棵 $n_f(= \mathrm{StartBufferSize} \times \mathrm{SI})$ 个节点的 FNLT 的内存空间为 $n_f \times d + n_f^2 + 5 \times n_f$，其中，$n_f \times d$、$n_f^2$、$5 \times n_f$ 分别是 X、D、五个向量 $\{W, \rho, \delta, N_n, Cl\}$ 的内存空间。尽管 FNLT 中的某些组成元素可以由其他元素计算得到，我们还是直接存储它们以便节省计算时间。让 n_r 表示缓冲区的大小，即用于重新构建 FNLT 的一批数据点的个数，则在合并和粒化的过程中，除了原来的 FNLT 的空间外，还需要 $n_r \times d + (n_r^2 + 2 \times n_f \times n_r) + 4 \times n_r$ 个存储单元，其中 $n_r \times d$ 用于存储新到数据点，$n_r^2 + 2 \times n_f \times n_r$ 用于原有距离矩阵的扩展，$4 \times n_r$ 用于四个向量 $\{\rho, \delta, N_n, Cl\}$。因此，需要用来更新 FNLT 和粒化 FNLT 的全部内存空间为

$$SC = (n_f + n_r) \times d + (n_f + n_r)^2 + 5 \times n_f + 4 \times n_r \tag{4.6}$$

弱节点要从 FNLT 中删除。因此，DP-Stream 所需的内存空间不会超过
SC。

分析 DP-Stream 的时间复杂性，需要考虑算法 4.1、算法 4.2 和算法 4.3。
从算法 4.1 可以看出，奇异数据将会比非奇异数据要求更多的计算步骤，尽
管它并不会改变 DP-Stream 的大 O 记法。使用 DPC 构建初始引领树中复
杂性最高的部分是计算距离矩阵，复杂性为 $O(n_f^2)$。在算法 4.2 中，为了粒化
FNLT，通过 δ 参数指示，靠得最近的点被分别合并给它们的父节点。算法
4.2 中最为耗时的部分是传递地更新 $\mathbf{new}N_n$ 中的 N_n 值和计算 RemainInds，
其时间复杂性是 $O(N_{\text{merge}} \times (N_{\text{merge}} + n_f + n_r))$，其中，$N_{\text{merge}}$ 是需要被合
并的节点数目。然后，为了提交一个非奇异数据的聚类结果，算法 4.3 中每
个步骤的复杂性都是 $O(n_f)$。也就是说，DP-Stream 能够在 $O(n_f)$ 复杂性内
确定一个非奇异数据的类簇标签，这是本章方法的一个亮点。剩余的异常检
测和淡出函数的复杂性都是线性复杂性。

总而言之，构建初始引领树的时间复杂性是 $O(N^2)$，更新和粒化 FNLT
的复杂性分别是 $O(n_f)$ 和 $O(N_{\text{merge}} \times (N_{\text{merge}} + n_f + n_r))$。DP-Stream 的整
体复杂性是 $O(N^2)$，$N = n_f + n_r$。DP-Stream 具有在 $O(n_f)$ 复杂性内为新
到非奇异数据确定类簇标签的优点，据我们所知，这是目前在数据流聚类中
最快获得结果的方法。

4.5　实验及结果分析

4.5.1　实验环境与数据集

所有实验在配置为 Intel i5-2430M CPU、8G 内存、Windows 7 64 位操作
系统的个人计算机上完成，编程环境为 Matlab 2014。在 7 个数据集上进行
测试：5 个人工合成数据集和两个来自 UCI 机器学习库的真实世界数据集。
三个二维人工数据集中，ChameleonDS3 下载自 Karypis 实验室 [1]；ExclaStar
是本章首次生成的，MRDS 是根据文献 [7] 的描述，结合使用软件 Engauge
Digitizer [2]生成的。另外两个人工数据集 RBF10a 和 RBFDrift 是用开源软
件 MOA (Massive Online Analysis)[3]的 generators.RandomRBFGenerator 方

---

[1] https://github.com/alanxuji/DPStream-FNLT.

[2] http://markummitchell.github.io/engauge-digitizer/.

[3] https://moa.cms.waikato.ac.nz/.

法和 generators.RandomRBFGeneratorDrift 方法分别生成的。有关这 7 个数据集的详细信息见表 4.1。

表 4.1　用于评估 DP-Stream 的数据集

编号	数据集	属性数	类簇数	样本数
1	ExclaStar	2	2∼3	755
2	MRDS	2	2∼3	42470
3	ChameleonDS3	2	2∼5	10000
4	RBF10a	10	5	1000000
5	RBFDrift	15	5	1000000
6	CoverType	54	3∼7	581012
7	KDD'99	34	1∼4	494020

将 DP-Stream 和经典数据流聚类方法 CluStream[13]、DenStream[6] (在开源软件 MOA 中实现)，以及当前最前沿的方法 STRAP[9] 进行比较。STRAP 由 Zhang[9] 慷慨提供，可以从 Internet 下载①。

用于评价数据流聚类准确性的度量 Purity 定义为[3]

$$\text{Purity} = \frac{\sum\limits_{i=1}^{K} \dfrac{|C_i^d|}{|C_i|}}{K} \times 100\% \tag{4.7}$$

式中，K 为实际的类簇数目；符号 $|C_i^d|$ 为类簇 i 标签中，数量最多的、被赋予同一个类簇标记的数据点数目；$|C_i|$ 为真实类簇 i 中的数据点数目 i。由于 Purity 具有局限性，即它对于类簇个数较少的聚类结果会有较高值，因此在我们的评价方法中还是用了调整兰德指数 (ARI)[31,32]。ARI 和 Purity 只能在数据有真实类别标签的条件下使用，因此它们被称为外部评价度量[4]。如果数据流中没有真实的类别标签，就需要选择内部评价度量。例如，在数据集 ChameleonDS3 的实验中，我们就选择轮廓指数 (SI)[33]DP-Stream 和其他对比方法获得的聚类效果。此外，内部评价度量可以反映聚类结果的紧致性和分离性，因此我们同时也用它来对其他带标签的数据流聚类结果进行评价。

DP-Stream 方法共涉及 8 个参数，各个参数的意义和推荐取值区间如表 4.2 所示。发现聚类结果只对前 3 个参数相对比较敏感。每个实验的参数配置在表 4.3 中用一行表示。例如，第三行表示的是 MRDS 数据实验中的参数配置。参数设置问题将在 4.5.2 节中讨论。

---

① https://cemse.kaust.edu.sa/mine/software-2.

4.5.2 实验结果与分析

根据不同的目的选择了如图 4.7 所示的 3 个二维人工数据集。ExclaStar 用于测试对不同密度等级且形状为非球形的类簇的检测能力，同时跟踪类簇合并过程；MRDS 用于确定一个流聚类方法是否能够过滤异常点和检测概念漂移；ChameleonDS3 用于演示本章所提出方法的局限性：在一个类簇内部包含多个高密度 "疙瘩" 的情况下，DP-Stream 通常不能正确地检测到作为整体的一个大类簇。这是由于 DPC 的基本假设 (参见 2.1.1 节) 在这种情形下并不成立。

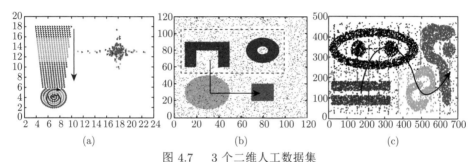

图 4.7　3 个二维人工数据集

数据点出现的顺序是 "蓝色 → 绿色 → 红色"。(a) ExclaStar 包含一个惊叹号和一个星号。
(b) MRDS [7]。(c) ChameleonDS3。在下载的压缩包中，其文件名为 "t7.10k.dat"，其中的数据点没有类别标签

1. ExclaStar 数据集

ExclaStar 包含了星形的 240 个数据点、条状 391 个点和圆饼形 124 个点。除了前文提到的设计这个数据集的目的，由于该数据集体量较小，我们还可视化展示了整个聚类过程，从而获得对 DP-Stream 运行机制的深入理解和正确性检查。

正如设计预期一样，图 4.8(a) 显示出初始阶段 FNLT 中包含了三个类簇，左边的两个类簇逐渐合并成一个 [图 4.8(b)]。该实验还同时演示了新到数据一旦融入现有的 FNLT，便可以立即获得类簇标签。

从第 708 号数据点开始，类簇 2 和类簇 3 就合并成为一个类簇。因此，相应地设置真实的类簇标记。DP-Stream 最终获得 99.77% 的平均 Purity 指标值，使用的参数设置如表 4.3 中第一行所示。DP-Stream 的基础 (DPC) 具有检测非球形类簇的能力，因此能够正确地识别 ExclaStar 数据流中的星形类簇和条状类簇。这样，DP-Stream 在该数据集上平滑地获得了较高的 Purity 和 ARI 指标值。但是，SI 值出现了波动，原因是该指标对分离较远的紧致

球形类簇才会有很高的取值，而这与 ExclaStar 数据流的情形不同。STRAP 在该数据集上获得的 ARI 和 Purity 较低，原因是它的基础——AP 聚类不能正确识别 ExclaStar 中的类簇。各种相关的数据流聚类方法在此数据流上的聚类结果如图 4.9 所示。

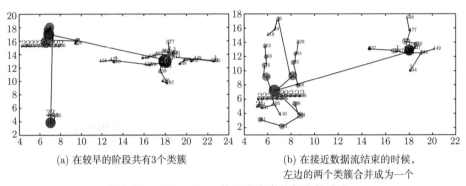

(a) 在较早的阶段共有3个类簇　　　　　(b) 在接近数据流结束的时候，
　　　　　　　　　　　　　　　　　　　　　左边的两个类簇合并成为一个

图 4.8　　ExclaStar 数据流聚类的代表性阶段

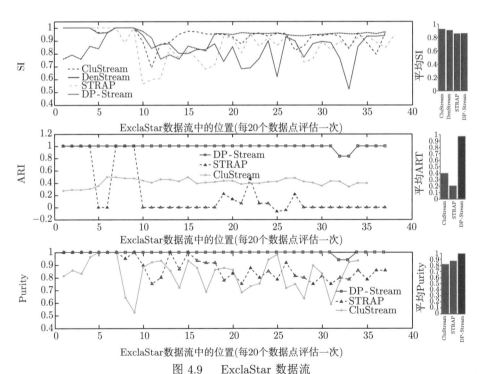

图 4.9　　ExclaStar 数据流

由于对小规模数据 DenStream 程序存在漏洞，在 ARI 和 Purity 子图中就没有 DenStream 的聚类结果显示

2. MRDS 数据集

MRDS 是一个包含 38.7K 数据点的人工数据流, 带有 10% 噪声比例, 包含两个凸形类簇和两个非凸形类簇。x 和 y 维度上的取值范围均为 $[0, 120]$ [7]。DP-Stream 使用参数 θ (在 4.3.2 节中定义为 $\theta = \delta/\rho$) 进行噪声点筛选后, 大幅提高了聚类的准确性。在噪声存在的情况下, 如果不将其剔除, FNLT 的结构将会受到影响。实验中, 绝大多数的异常点都被正确地检出, 如图 4.10 所示。

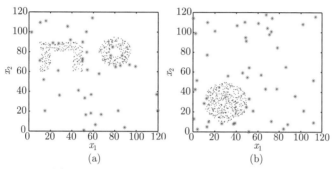

图 4.10　MRDS 数据流的两个代表性阶段

通过 θ 参数值检测到异常点。检测到的异常点用星号表示。(a) 位置处于 77 个窗口中的第 2 个；(b) 位置处于 77 个窗口中的第 52 个

尽管对于每个非异常新点的聚类标记可以立即获得, 但 FNLT 的粒化是在缓冲区被占满之后才运行一次的。因此, FNLT 进行粒化的次数 N_{gr} 计算如下：

$$N_{gr} = \lceil (N - \text{InitialBuffSize})/\text{bufferSize} \rceil + 1 \qquad (4.8)$$

例如, 在 MRDS 数据流的实验中 $\lceil (38700 - 1000)/500 \rceil + 1 = 77$。在 77 次粒化中的第 48、54 和 74 处分别检测到改变点。最后, DP-Stream 获得了比其他对比方法具有竞争力的 ARI 和 Purity 指标值, 如图 4.11 所示。

3. ChameleonDS3 数据集

如图 4.7(c) 所示, ChameleonDS3 中的类簇分布并不平滑。每个类簇内部都包含一些更小的密度峰值, 这和文献 [29] 中关于类簇特征的假设 (类簇中心由更小局部密度的相邻点包围) 相违背。因此, DP-Stream 在这个数据集上获得的 SI 低于其他方法。由于 DPC 方法倾向于为每个密度峰值划分出一个类簇, 所以它在 ChameleonDS3 数据流中检测到的类簇个数要多于实际个数。

STRAP 方法的代码中, 有一个名为 build_cluster 的函数, 需要类别

标签作为输入。因此，STRAP 在 ChameleonDS3 数据流上没有聚类结果。CluStream、DenStream 和 DP-Stream 三种方法获得的聚类结果准确性用图 4.12 表示。

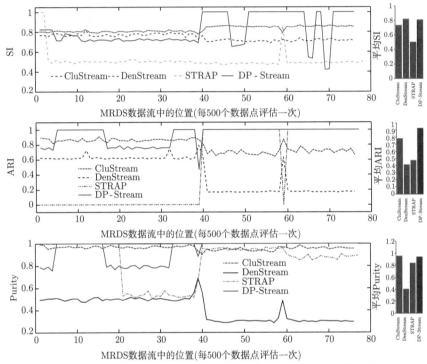

图 4.11　本书考虑的多个方法在数据流 MRDS 上的聚类结果

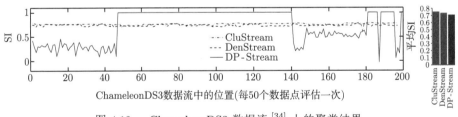

图 4.12　ChameleonDS3 数据流 [34] 上的聚类结果

4. RBF10a 数据集

RBF10a 和 RBFDrift 数据集都采用径向基函数生成。RBF10a 是一个中心点几乎不改变的静态数据流；而 RBFDrift 是一个演化数据流，随着新数据流入，它的中心点一直保持着移动。使用二维多维度非经典缩放技术，将

RBF10a 的初始化缓存数据可视化, 如图 4.13 所示, 从中可以看出第 1 号类簇和第 2 号类簇靠得很紧, 而且它们属于不同的密度等级。这种情况下, DPC 倾向于将这两个类簇识别为一个。由于 DPC 不能正确识别 RBF10a 中的类簇真实个数, DP-Stream 在其上的准确率就受到了影响。但是, DBSCAN 能够正确识别初始缓冲数据中的类簇, 这就导致 DenStream 在这里的性能要好于 DP-Stream。对于 STRAP, 由于它在大多数时间都将数据流聚类为一个类簇, 因此它的 Purity 指标相当高, 而 ARI 指标很低。总体对比情况如图 4.14 所示。

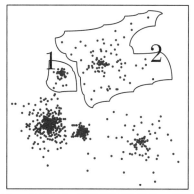

图 4.13   RBF10a 初始缓存数据的二维可视化

5. RBFDrift 数据集

RBFDrift 利用 MAO 开源软件的命令行 *generators.RandomRBFGenerator-Drift -s 0.002 -k 5 -i 5 -c 5 -a 15 -n 5* 生成。DP-Stream 在整个数据流中检测到 1746 次漂移, 获得了 96.26% 的高 Purity 指标值, 平均类簇个数为 5.0423。各对比方法的性能比较如图 4.15 所示。

在 RBFDrift 数据集上, 可以看出 CluStream 和 DenStream 获得的 SI 比 DP-Stream 要稍微高一些。这是因为径向基函数产生的数据本身就是球形的, 因此更加适合 CluStream。然而, 由于该数据流一直改变类簇中心点的位置, 故 CluStream 和 DenStream 倾向于将它聚为更多的类簇, 因此结果的 ARI 和 Purity 相对来说较低。与 DenStream 不同, STRAP 将 RBFDrift 聚类成很少的几个类簇, 因此 STRAP 的 ARI 较低但是 Purity 较高。综合考虑这三个评价指标, DP-Stream 在 RBFDrift 取得的结果非常可观。

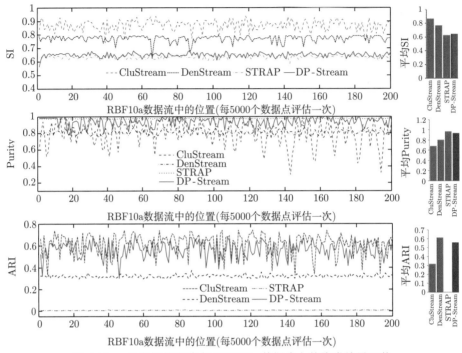

图 4.14　本章相关方法在 RBF10a 数据流上的聚类结果评价

6. CoverType 数据集

CoverType 数据集通过影像学属性预测森林覆盖类型。尽管这不是典型的数据流，我们像文献 [11] 一样以数据流的方式使用它。首先用"最小/最大"方法对属性值进行规范化，然后采用欧氏距离计算参数 ρ。整个数据集的真实类别是 7 种不同的森林覆盖，但是在每个评价窗口中的平均类别数目是 3.06。

在数据流聚类算法开始运行之前，首先使用 500 个样本构建一棵引领树。初始引领树检测到 4 个类簇，这与真实情况一致。在对整个 CoverType 数据集聚类的过程中，DP-Stream 得到的平均类簇个数为 2.5。本章方法最后得到的平均 Purity 为 95.91%，平均 ARI 为 0.3049，超过了其他的对比方法 (图 4.16)。由于软件实现的问题，CluStream 针对该数据集的 Purity 和 SI 有误，因此在图中就没有显示。

DP-Stream 方法在每个评价指标上都超过了 STRAP 方法，因为每个类簇基本上都是非球形的 (在二维平面上可视化数据点来查看)。DP-Stream 的结果也比 DenStream 要稍好一些。可能的原因是 DenStream 没有找到合适

的 ϵ 和 μ 参数值，分别用于检测邻域和核心微类簇。同时，DP-Stream 在该数据集上对于参数的敏感性较低 (更多细节参见下文 "8. 参数设置与参数敏感性")。

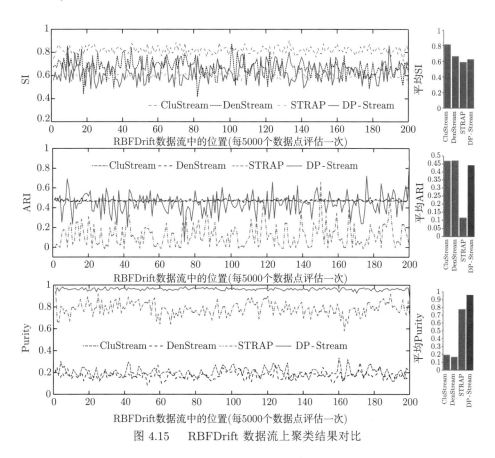

图 4.15　RBFDrift 数据流上聚类结果对比

7. KDD'99 数据集

Zhang 等使用 STRAP 程序在 1% 的 KDD'99 数据集上构建了一个聚类模型[9]，我们将这个比例扩大到 10%。使用文献中 [9] 的方法对该数据集进行预处理，首先挑选出 34 个数值属性，然后针对语义对它们进行规范化，如将 duration 从秒钟变为分钟，src_bytes 和 dst_bytes 从字节变为 KB 等。

通过将初始缓存数据可视化，可以明显地看出 KDD'99 是典型的非球形数据。因此，DP-Stream 在大多数时间里性能超过其他三种方法。但是，KDD'99 有一个不同于前面 6 个数据集的特点：在数据流从窗口流过期间，类簇个数的变动非常大。作为一个入侵检测的数据集，KDD'99 大多数时间只有一个标记为"normal"的类簇。但是如果在同一个缓存窗口内出现多种攻击的时候，类簇个数最多可以达到 6。由于 DP-Stream 目前采用的是静态 d_c 策略，要适应如此宽范围的类簇个数变化是具有挑战性的任务。所以 DP-Stream 在 KDD'99 数据流的中间部分表现欠佳，导致其平均 ARI 低于其他三个模型。DP-Stream 和其他对比方法在 KDD'99 上的聚类表现如图 4.17 所示。

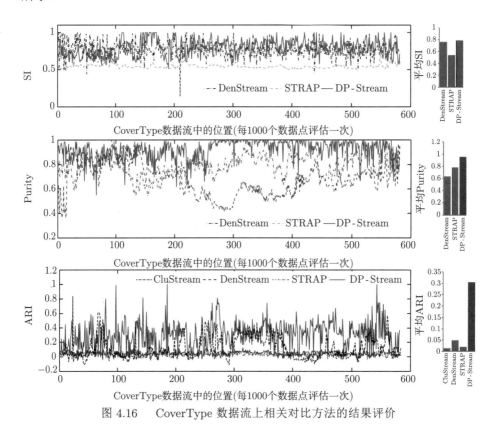

图 4.16　　CoverType 数据流上相关对比方法的结果评价

8. 参数设置与参数敏感性

DP-Stream 在数据流聚类过程中涉及 8 个参数，这些参数的目的和推荐取值区间如表 4.2 所示。为了简单且不牺牲过多的准确性，我们在所有试验中统一设置 half-life=5，RemovalThre=0.5。对于 ExclaStar 数据集，设置 $\{\text{InitialBuffSize} = 180, \text{bufferSize} = 20, \text{SI} = 0.75\}$，其余的 6 个数据集都设置 $\{\text{InitialBuffSize} = 1000, \text{bufferSize} = 50, \text{SI} = 0.90\}$。因此实际上只有 3 个相对更敏感的参数，即 percent、LocalR 和 GlobalR 需要调试。

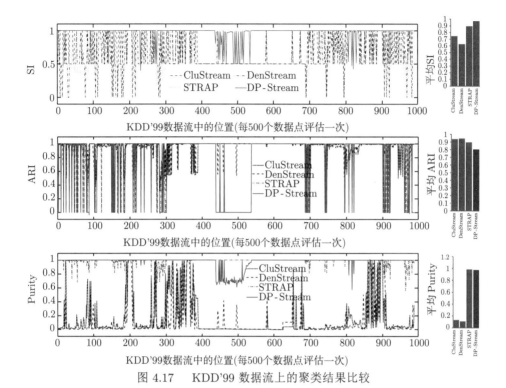

图 4.17　KDD'99 数据流上的聚类结果比较

表 4.2　DP-Stream 中的参数

参数	目的	区间
percent	决定 DPClust 中的 d_c	[0.05, 20]
LocalR	选择中心点	[1.6, 4.8]
GlobalR	选择中心点	[0.01, 0.3]
InitialBuffSize	构造初始引领树的样例数目	[300, 2000]
SI	将初始引领树压缩为 FNLT 的压缩比	[0.75, 0.95]
bufferSize	重建 FNLT 所需要的样例数	[20, 1000]
half-life	数据淡出的速率	[2, 10]
RemovalThre	低权重的胖节点从 FNLT 移除的阈值	[0.1, 0.5]

在 DP-Stream 中，如果参数设置没有考虑数据分布的特点，则聚类的结果可能会很差。相反，合理的参数设置则会获得较好的准确性和效率，并且在合理设置的参数值基础上少量的波动几乎不会使结果变差。因此，在构建初始引领树的时候，针对 percent、LocalR 和 GlobalR 的典型值组合使用网格搜索技术[35]。首先，设 percent ∈ {0.2, 0.5, 2, 5, 20}，LocalR ∈ {1.6, 2.6, 4.8}，以及 GlobalR ∈ {0.05, 0.1, 0.2, 0.3}。然后，针对不同的参数配置，采用内部评价指数 SI[33] 评估 5×3×4 = 60 个聚类结果。选择出最好的参数配置，应用到后续的聚类过程中。通过这种网格搜索策略，7 个数据集上这 3 个参数

的最佳配置如表 4.3 所示。

表 4.3　3 个参数的最佳配置

数据集	percent	LocalR	GlobalR
ExclaStar	5	4.8	0.1
MRDS	2	4.8	0.3
ChameleonDS3	0.5	4.8	0.2
RBFa10	0.2	2.6	0.1
RBFDrift	0.2	2.6	0.1
CoverType	20	4.8	0.3
KDD'99	2	1.6	0.05

在数据集 CoverType 上测试参数 {percent, LocalR, GlobalR} 的敏感性,
具体做法是固定其中的两个参数, 然后变动第三个。除了网格搜索中使用的
参数, 还增加一个更小的和一个更大的参数 (超出表 4.2 中推荐的范围), 如
percent 参数增加一个 0.01 和 80。参数敏感性分析如图 4.18 所示, 从中可
以看出, 如果合理选择了两个参数, 那么第三个参数的少量变动并不会大幅
降低聚类准确性。然而, 如果三个参数选得都不合理, 则准确性会大幅降低。
例如, 设置参数值 {percent = 0.01, LocalR = 1.2, GlobalR = 0.001}, 得到的
Purity 和 ARI 分别是 85.88% 和 0.2582。

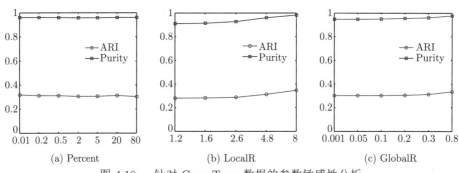

图 4.18　针对 CoverType 数据的参数敏感性分析

(a) 固定 LocalR=4.8 和 GlobalR=0.3, 变动 percent。(b) 固定 percent=20 和 GlobalR=0.3, 变动
LocalR。(c) 固定 percent=20 和 LocalR=4.8, 变动 GlobalR

9. 准确性对比

DP-Stream 和其他 3 种对比方法在 7 个数据集上的比较如图 4.19 所示。
从图中可以看出, 大多数点位于左上区域, 某些位于右下区域的点也比较靠
近对角线。这就意味着 DP-Stream 是一种鲁棒性较好、具有较大潜力的数据
流聚类方法。

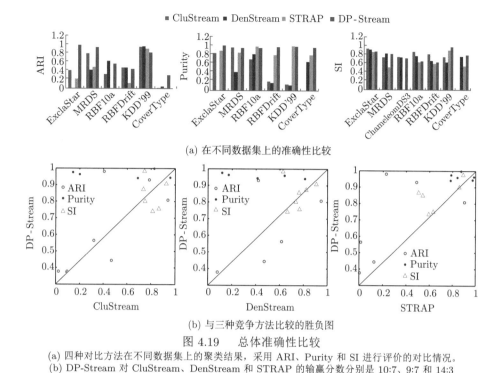

(a) 在不同数据集上的准确性比较

(b) 与三种竞争方法比较的胜负图

图 4.19   总体准确性比较

(a) 四种对比方法在不同数据集上的聚类结果, 采用 ARI、Purity 和 SI 进行评价的对比情况。
(b) DP-Stream 对 CluStream、DenStream 和 STRAP 的输赢分数分别是 10:7、9:7 和 14:3

  DP-Stream 从现有的数据流聚类方法中借鉴了许多思想,包括微类簇、淡出、滑动窗口和改变点检测等。FNLT 中的胖节点与 CluStream、DenStream 和 DB-STREAM 中的微类簇有些相似。但是,DP-Stream 的一个主要贡献是胖节点之间的偏序关系 (定义 4.2),它使得新到非奇异数据可以快速获得类簇标签。另外,偏序关系的高效增量更新在摆脱 "在线–离线" 模式中发挥了重要作用,使之能够即时地维护完整的类簇结构。

  DP-Stream 还有一点与现存工作明显不同,就是它的缓冲区。缓冲区与 CluStream、STRAP 等方法中的 "窗口" 类似,但是通常情况下它的规模更小。原因是 CluStream 和 STRAP 相对来说需要在窗口中有更多的对象以便发现当前的类簇,而 DP-Stream 使用一个易于更新的 FNLT 结构就可以纳入新的对象,并且立即标记它们。DP-Stream 中的缓冲区主要是用来决定:什么时候纳入了一些单个数据点的 FNLT 需要进一步被粒化成新的 FNLT,并且历史数据什么时候需要以批处理的方式萎缩。也就是说,当新对象的个数达到缓冲区的规模时,粒化和淡出操作就会触发。实验中,我们发现适当减少缓冲区的大小可以在保证准确性的前提下,提高数据流聚类的效率。

10. 运行时间对比

四种相互对比的数据流聚类方法在 7 个数据集上的运行时间如图 4.20 所示。

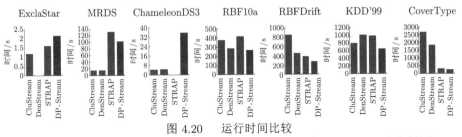

图 4.20　运行时间比较

因为缺乏相应的聚类结果, DenStream 在 ExclaStar 和 STRAP 在 Chammeleon 上缺少柱形

总的来说, DP-Stream 和其他对比方法的时间复杂性都是 $O(N_r^2)$, 此处 N_r 是缓冲区 (或窗口) 的大小。因此, 时间消耗的差别在于这些算法如何具体地处理具有特定特征的数据流。DP-Stream 具有对非奇异数据快速确定类簇标签的优点, 但是, 如果一个数据项被识别为奇异的, 则它的最终归宿 (现存的类簇, 新出现的类簇, 或者是异常点) 将会被推迟到等更多的数据点到来、直到缓冲区被填满 (参见图 4.4 以获得直观的理解) 才能确定。因此, DP-Stream 遇到越多的奇异数据, 则它的处理时间就越长。在本章的 7 个数据集中, 3 个二维人工数据集有更多的奇异数据, 而另 4 个高维数据的奇异数据相对较少。所以, 与基准方法比较, DP-Stream 在前 3 个数据集上效率较低, 而在后 4 个数据集上效率更高。

4.6　本 章 小 结

本章提出一种基于密度峰值的数据流聚类方法 DP-Stream, 该方法可以检测任意形状的类簇, 并且可以在线性时间复杂性内为非奇异数据确定类簇标签。DP-Stream 通过维护一棵持续更新的胖节点引领树 (FNLT) 摆脱了以往流聚类方法的 "在线-离线" 模式。更新 FNLT 的过程同时也是产生聚类结果的过程。在粒化和淡出机制的作用下, FNLT 保持稳定的节点规模。删除权重很小的弱节点以便强调近期到来的数据项。DP-Stream 同时还具有概念漂移检测和异常点过滤的功能。针对人工数据流和现实世界数据流的实验显示了本章方法的效率和准确性, 验证了对 DP-Stream 理论分析的结果。

正如在数据流 ChameleonDS3 和 KDD'99 上所显示的, DP-Stream 方法

尚有改进的空间。当同一个类簇内部存在多个密度峰值，或者说类簇内部的数据分布不平滑时，DPC 倾向于检测出更多的类簇，从而与真实情况和人类直觉相违背。另一种情况是在演化数据流中，如果类簇的个数变化很大，则静态 d_c 策略很难随时检测到正确的类簇个数。因此需要在未来的研究中解决这些问题。另外，本书提出的基于 FNLT 的概念漂移检测方法是一种新方法。关于这种漂移检测的很多其他方面，如假报警、遗漏和延迟等，都需要进一步深入探索。

参 考 文 献

[1] Gama J, Gaber M M. Learning from data streams: Processing techniques in sensor networks [J]. Springer, 2007, 25(1): 1–4.

[2] Kohavi R. Mining e-commerce data: The good, the bad, and the ugly [C]. Proceedings of the Seventh ACM SIGKDD international conference on knowledge discovery and data mining, 2001: 8–13.

[3] Aggarwal C C, Han J, Wang J, et al. A framework for projected clustering of high dimensional data streams [C]. Proceedings of the Thirtieth international conference on Very large data bases-Volume 30, VLDB Endowment, 2004.

[4] Aggarwal C C, Reddy C K. Data Clustering : Algorithms and Applications [M]. Boca Raton: CRC Press, 2014.

[5] Callaghan L O, Mishra N, Meyerson A, et al. Streaming-data algorithms for high-quality clustering [C]. Proceedings of 18th International Conference on Data Engineering, 2002.

[6] Cao F, Ester M, Qian W, et al. Density-based clustering over an evolving data stream with noise [C]. SIAM Conference on Data Mining, 2006.

[7] Wan L, Ng W K, Dang X H, et al. Density-based clustering of data streams at multiple resolutions [J]. ACM Transactions on Knowledge Discovery from Data, 2009, 3(3): 49–50.

[8] Tu L, Chen Y. Stream data clustering based on grid density and attraction [J]. ACM Transactions on Knowledge Discovery from Data, 2009, 3(3): UNSP 12.

[9] Zhang X, Furtlehner C, Germain-Renaud C, et al. Data stream clustering with affinity propagation [J]. IEEE Transactions on Knowledge and Data Engineering, 2014, 26(7): 1644–1656.

[10] Lughofer E, Sayed-Mouchaweh M. Autonomous data stream clustering implementing split-and-merge concepts–towards a plug-and-play approach [J]. Information Sciences, 2015, 304: 54–79.

[11] Hahsler M, Bolanos M. Clustering data streams based on shared density between micro-clusters [J]. IEEE Transactions on Knowledge and Data Engineering, 2016, 28(6): 1449–1461.

[12] Ho S S, Wechsler H. A martingale framework for detecting changes in data streams by testing exchangeability [J]. IEEE Transactions on Pattern Analysis and Machine Intelligence, 2010, 32(12): 2113–2127.

[13] Aggarwal C C, Yu P S, Han J, et al. A framework for clustering evolving data streams [J]. VLDB, 2003, 29: 81–92.

[14] Frey B J, Dueck D. Clustering by passing messages between data points [J]. Science, 2007, 315(5814): 972–976.

[15] Lughofer E. Extensions of vector quantization for incremental clustering [J]. Pattern Recognition, 2008, 41(3): 995–1011.

[16] Rehman M Z, Li T, Yang Y, et al. Hyper-ellipsoidal clustering technique for evolving data stream [J]. Knowledge-Based Systems, 2014, 70: 3–14.

[17] Tu Q, Lu J F, Yuan B, et al. Density-based hierarchical clustering for streaming data [J]. Pattern Recognition Letters, 2012, 33(5): 641–645.

[18] Rodrigues P P, Gama J, Pedroso J P. Hierarchical clustering of time-series data streams [J]. IEEE Transactions on Knowledge and Data Engineering, 2008, 20(5): 615–627.

[19] Koshijima K, Hino H, Murata N. Change-point detection in a sequence of bags-of-data [J]. IEEE Transactions on Knowledge and Data Engineering, 2015, 27(10): 2632–2644.

[20] Song Y, Lu J, Lu H, et al. Fuzzy clustering-based adaptive regression for drifting data streams [J]. IEEE Transactions on Fuzzy Systems, 2019, 28(3): 544–557.

[21] Fahy C, Yang S, Gongora M. Ant colony stream clustering: A fast density clustering algorithm for dynamic data streams [J]. IEEE Transactions on Cybernetics, 2018, 49(6): 2215–2228.

[22] Ouyang T, Shen X. Online structural clustering based on dbscan extension with granular descriptors [J]. Information Sciences, 2022, 607: 688–704.

[23] Gaber M M, Zaslavsky A, Krishnaswamy S. Mining data streams: A review [J]. ACM Sigmod Record, 2005, 34(2): 18–26.

[24] Heinz C, Seeger B. Cluster kernels: Resource-aware kernel density estimators over streaming data [J]. IEEE Transactions on Knowledge and Data Engineering, 2008, 20(7): 880–893.

[25] Zubaroğlu A, Atalay V. Data stream clustering: A review [J]. Artificial Intelligence Review, 2021, 54(2): 1201–1236.

[26] Hodge V J, Austin J. A survey of outlier detection methodologies [J]. Artificial Intelligence Review, 2004, 22(2): 85–126.

[27] Radovanovic M, Nanopoulos A, Ivanovic M. Reverse nearest neighbors in unsupervised distance-based outlier detection [J]. IEEE Transactions on Knowledge and Data Engineering, 2015, 27(5): 1369–1382.

[28] Huang J, Zhu Q, Yang L, et al. A non-parameter outlier detection algorithm based on natural neighbor [J]. Knowlege-Based Systems, 2016, 92: 71–77.

[29] Rodriguez A, Laio A. Clustering by fast search and find of density peaks [J]. Science, 2014, 344(6191): 1492–1496.

[30] Basseville M E, Nikiforov I V. Detection of Abrupt Changes: Theory and Application [M]. Upper Saddle River: Prentice Hall, 1993.

[31] Hubert L, Arabie P. Comparing partitions [J]. Journal of Classification, 1985, 2(1): 193–218.

[32] Vinh N X, Epps J, Bailey J. Information theoretic measures for clusterings comparison: Variants, properties, normalization and correction for chance [J]. Journal of Machine Learning Research, 2010, 11: 2837–2854.

[33] Rousseeuw P J. Silhouettes: A graphical aid to the interpretation and validation of cluster analysis [J]. Journal of Computational and Applied Mathematics, 1987, 20: 53–65.

[34] Karypis G, Han E H, Kumar V. Chameleon: Hierarchical clustering using dynamic modeling [J]. Computer, 1999, 32(8): 68–75.

[35] Wang X F, Xu Y. Fast clustering using adaptive density peak detection [J]. Statistical Methods in Medical Research, 2015, 0(0): 1–14.

第 5 章　基于引领树的最优粒化和流形信息粒表示

5.1　引　　言

信息粒化的定义为："从原始数据构建信息粒的过程"，它被视为粒计算的核心步骤。构建信息粒对于处理大数据的 5V，即体量 (volume)、速度 (velocity)、多样性 (variety)、价值 (value) 和真实性 (veracity) 有重要作用。把相似或相邻的数据聚合到一起，粒化能够大幅降低数据规模，一定程度上解决体量问题。当 DP-Stream[1] 运用于高速数据流聚类中，我们可以使用胖节点引领树即时提供新到数据项的类簇标签，即使用信息粒克服速度约束。例如，由于时间紧迫，对于关键基础设施的可复原性分析，必须考虑近似推理和快速决策 [2]。如果需要从多个异构数据源构建信息粒，就必须为搜集到的各种形式的信息定义一种统一的表达方式，但这样消除了多样性。Chen 和 Zhang 指出，不同粒度层次的信息粒表示不同的知识，不同粒度层次上某些数据特征被忽略而另一些让人感兴趣的特征得到强化 [3]。这样，大数据的价值就能够满足不同的认知需求。最后，信息粒的构建过程通常包含了异常点移除和缺失数据补全等操作，因此大数据的真实性得到保证。

已经有一些构建信息粒的形式化方法和模型，如粗糙集、模糊集、邻域系统、聚类等，这些方法回答了如何粒化数据的问题，但是直到近几年，"所构建的信息粒应该满足什么样的要求"这一问题才得到研究。Pedrycz 和 Homenda 提出可验证粒度准则解决了这个问题 [4]。可验证粒度准则的基本思想是：一个好的信息粒应该包含尽量多的数据（涵盖性），同时使得这些数据处于一个紧致的闭包中（明确性）。这两个要素中，涵盖性又称为实验证据，明确性又称为语义 [4,5]。

在可验证粒度原则的指导下，已经发展出一些粒化模型用于构建信息粒，如椭球信息粒化 (ElliGra)[6]、模糊集信息粒化 [5] 等。对合理粒化准则进行增广，不仅要考虑涵盖性和语义，还考虑信息粒在输出空间的同质性进行粒化优化。以此为基础,可构建粒度表示的三层神经网络 [7]。

但是,现有可验证粒度的粒化方法存在一些局限性:① 它们不能检测非凸形的信息粒。② 粒化过程的计算复杂性过高,因为这些粒化通常包含一个迭代优化的过程,以计算最优信息粒个数,同时确定考虑数据重构的信息粒形状。例如,文献 [8] 中使用粒子群优化,文献 [6] 中使用差分进化。但在某些应用场合,如社交网络的在线社区发现等,高复杂性的粒化模型可能会错过数据的关键变化,因而是不能承受的。所以,此类应用场景急需高效的粒化模型。③ 尽管不是必然出现,但也常常遇到这样的情况:当信息粒位于或者接近一个具有较低内在维度的流形 (如一条 S 形曲线或者是一个碗形的曲面) 上时,现有的信息粒描述子,如超椭球体和超盒,就会得到很低的涵盖性和明确性,从而不能重构与原始数据相似的数据点。换句话说,现存的描述子将会以较大的体积(即低明确性)去包含具有低维内在维度的流形上的少量数据(即低涵盖性)。

本章的贡献主要是两方面。首先提出一种基于局部密度的最优粒化 (local-density-based optimal granulation, LoDOG) 方法解决现存粒化方法的前两个问题。根据每个数据点的局部密度,首先构建一种称为引领树的数据结构 [9],其中每个非中心节点都由它的父节点引领,加入和父节点相同的类簇(或微类簇)中。将非中心节点划归到类簇中心的过程就简化为将选出的中心点 C_i,也是一棵子树的根,从 C_i 的父节点断开。每一个数据点 x_i 被选择成为中心点的可能性 γ_i 由其局部密度 ρ_i 和 δ_i 距离的乘积定义。也就是说,使用 $\gamma_i = \rho_i \times \delta_i$ 来指示 x_i 被选作中心点的可能性。利用引领树的定义,不难发现其中任意一对节点之间存在偏序关系 [1]。利用引领树的相关性质,LoDOG 能够以线性时间复杂性发现最优信息粒。这使得 LoDOG 非常高效,适用于大数据场景。

对于第三个问题,本章的方法是基于局部性保持的流形降维 [10-12] 和地标点采样。既然在未知数据潜在分布的情况下,难以捕捉数据的几何特性,我们就转而先在低维嵌入上进行采样,然后利用“局部保持”及“低维嵌入数据和原始数据位序相同”这两个特性,将低维嵌入上的地标点再映射回到原始数据空间。通过这种方法,用高维流形上的地标点就可以刻画原始数据集的骨架,称这些地标点构成的集合是作为信息粒的数据子集的流形描述子。基于流形描述子,提出一种重建最细粒度数据来模拟原始数据的算法。相应地,还提出一种名为草图误差的度量来评价重建数据和原始数据之间的差异。草图误差是用全体线性块的平均土壤搬运距离 (earth mover's distance, EMD)[13] 之和来定义的。EMD 计算中，每个边上的代价强制赋值为 1。本章介绍的地标点表示方法被借鉴到解剖学领域，先验方法首先提取目标器官的稀疏拓扑表示，而不使用密集表示形式的原始图像[14]。

本章剩余的内容安排如下。5.2 节描述高效而准确地进行信息粒化的 LoDOG 方法。5.3 节描述流形描述子的形成、人工数据点的生成 (简称为重建)、评价重建质量的度量——草图误差。5.4 节讨论 LoDOG 信息粒的可解释性。5.5 节分析时间复杂性和本章方法与其他相关研究之间的关系。5.6 节通过人工数据和真实数据演示和验证了我们的方法。特别地，实验中包含了一个科技合作网络的粒化问题，展示了 LoDOG 方法在社区发现问题中的巨大潜力。5.7 节给出本章小结。

5.2 基于局部密度的最优粒化

DPC 论文[15] 的作者说明，ρ_i 和 δ_i 的乘积有效地表示了样本 x_i 被选为中心点的可能性大小。根据这一特征，引领树被应用到高效层次聚类中[9]，而引领树节点之间的偏序关系被应用到数据流聚类中[1]。本章，我们将说明，利用引领树中 γ 参数的含义以及节点之间的偏序关系，在线性扫描可能的中心点之后即可获得最优粒化方案。

对于 LoDOG 而言，计算每个信息粒的几何体积不方便而且不必要，因此修改文献 [6] 中评价粒化方案的性能指标公式，并且保持可验证粒度准则的思想不变。LoDOG 中需要被最小化的目标函数定义为

$$J(N_g|\alpha) = \alpha \times H(N_g) + (1 - \alpha) \sum_{i=1}^{N_g} \text{DistCost}(\Omega_i) \qquad (5.1)$$

$$\text{DistCost}(\Omega_i) = \sum_{j=1}^{|\Omega_i|-1} \{\delta_j | x_j \in \Omega_i \backslash \{R(\Omega_i)\}\} \qquad (5.2)$$

式中，N_g 为信息粒（可以被看作是一个真实类簇中的多个微类簇）的数量；α 为在涵盖性和明确性中寻求平衡的参数；Ω_i 为第 i 棵引领树中包含的数据点集合；$|\bullet|$ 为集合基数运算符；$H(\bullet)$ 为严格单调递增函数，用于调节 N_g

的数量级，使之能够和 $\sum_{i=1}^{N_g} \text{DistCost}(\Omega_i)$ 相匹配，$H(\bullet)$ 可以从对数函数、线性函数、幂函数以及指数函数中自动选择；$R(\Omega_i)$ 为以 Ω_i 为一棵子树的根节点。

最小化目标函数 $J(N_g|\alpha)$ 就可以得到最优粒化方案。直观上看，我们希望一个信息粒里面包含的数据点尽量多（涵盖性），同时信息粒中的数据点分布尽量集中（明确性）。所以作为替代方法，我们希望信息粒的个数尽量少，以及信息粒内部各个非根节点的 δ 距离之和尽量小。对于每棵作为信息粒的子树，在计算 $\text{DistCost}(\Omega_i)$ 的时候，都不纳入 $\delta_{R(\Omega_i)}$，因为它是到另一个信息粒的外部距离。注意到这两个目标也是天然矛盾的，因此使用简单的加权求和在两者之间寻求一个较好的折中。

引领树结构中，节点间的偏序关系及 γ 参数的意义蕴含着：如果一个中心点可能性指标为 γ_i 的数据点 x_i 没有被选择为类簇中心，则其他 $\gamma_j < \gamma_i$ 的所有数据点 x_j 就不可能被选为中心。所以，LoDOG 能够仅通过一遍线性扫描即可发现最小化目标函数 $J(N_g|\alpha)$ 的最优解 N_g。另外，$\sum_{i=1}^{N_g} \text{DistCost}(\Omega_i)$ 能够以增量方式计算，因为有

$$\sum_{i=1}^{N_g-1} \text{DistCost}(\Omega_i) = \delta_M + \sum_{i=1}^{N_g} \text{DistCost}(\Omega_i) \tag{5.3}$$

式中，δ_M 为引领树中被合并的类簇的中心到其父节点的距离；M 为具有第 N_g 个最大 γ 值的样本下标（位序）。也就是说，如果用 $\tilde{I}$ 表示将样本按参数向量 γ 降序排列后的下标顺序，则有

$$M = \tilde{I}_{N_g} \tag{5.4}$$

鉴于以上两个特点，LoDOG 和其他对比方法相比具有很高的效率。寻求最优粒化方案的详细过程见算法 5.1，读者可以参考 5.6.2 节以获得对 LoDOG 的直观认识。

算法 5.1: LoDOG 算法

    Input: 数据集 X, 参数 α, d_c

    Output: 表达形式为 N_g^{opt} 个微类簇的最优信息粒集合 $\boldsymbol{\Omega}$

1 Compute $\boldsymbol{\rho}$, $\boldsymbol{\delta}$ and $\boldsymbol{\gamma}$ and $\boldsymbol{Nn}$;

2 Construct the LT;

    // construct and evaluate the finest granules;

3 $DistCost=0$;

4 $\boldsymbol{SubT}=$ split the LT into $MaxN_g$ subtrees;

5 $[\boldsymbol{\gamma_s}, \boldsymbol{I_\gamma}]=\text{sort}(\boldsymbol{\gamma},$ "descending");

6 **for** $i{=}1$ to $MaxN_g$ **do**

7   **for** *each non-root* $\boldsymbol{x}_j$ *in* $SubT_i$ **do**

8 $DistCost= DistCost+\delta_j$;

9 $J(MaxN_g|\alpha)=\alpha * H(MaxN_g) + (1-\alpha) * DistCost$;

    // evaluate the coarser granules incrementally;

10 **for** $i = MaxN_g - 1$ to 2 **do**

11 $M= I_\gamma[i]$;

12 $DistCost= DistCost+\delta_M$;

13 $J(i|\alpha)=\alpha * H(i) + (1-\alpha) * DistCost$;

14 $N_g^{opt} = \underset{i}{\arg\min}(J(i|\alpha))$;

15 $\boldsymbol{\Omega}=$split the LT into N_g^{opt} subtrees;

5.3 信息粒的流形描述

在许多应用场景下，高维空间中充分采样的数据点实际上处于一个低维嵌入上。文献 [11] 中的 S 形曲面人工数据集和人脸数据集，以及文献 [16] 中的手写数字数据集都是这方面非常好的例子。

此种情形下，传统使用椭球体 [6] 或者是超盒 [17] 的信息粒就会面临两个问题。首先，由于不能捕捉到数据的内在拓扑结构，导致了在涵盖性和明确性两个指标上都有显著的降低（图 5.1 提供了一个直观的解释）。其次，如果需要从信息粒描述子重建原始数据，那么从描述子定义的闭包中随机采样的数据点必然完全失去原始信息粒的几何特征。为此，本章提出一种基于嵌入地标点的方法来描述通过 LoDOG 算法构建的信息粒。

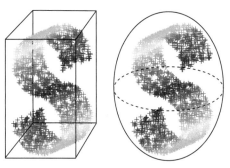

图 5.1 S 形曲面信息粒的长方体和椭球体描述子

流形描述子是一个从信息粒中选择的地标点的集合,通过两步形成:第一步,在信息粒的低维嵌入上,以等距离间隔或者等数据量间隔方式选择地标点。第二步,按照地标点的位序,将低维嵌入上的像逆映射回到原来的表示空间,找到对应的原始表示空间中信息粒的地标点。5.3.1 节和 5.6 节中,图 5.2(c) 和图 5.7 的第一个面板演示了如何在低维嵌入上做像的地标点采样;图 5.2(d) 和图 5.7 的第二个面板刻画了原始信息粒数据中的地标点(也就是流形描述子)。这种描述方法避免了低涵盖性和低明确性,同时有助于正确地重建数据。

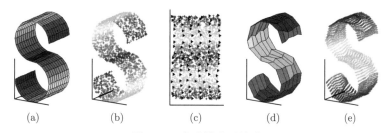

| (a) | (b) | (c) | (d) | (e) |

图 5.2 流形描述子构建

(a) 出现在文献 [11] 中的 S 形曲面流形。(b) 流形上随机采样的 2000 个数据点。(c) LLE 算法找到的二维嵌入,16×6 个黑色的三角形是算法 5.2 找到的地标点。(d) 数据集 X 的流形描述子。(e) 重建的数据点 $\tilde{X}$,用来近似模拟原始数据集 X

地标点的思想已经在计算机视觉领域广泛使用,如用于图像表示[18]、差异点集定位[19] 等。在此,我们借用地标点来描述非凸形信息粒。

5.3.1 信息粒的流形描述子构建

使用素描方法为已形成的信息粒获得精简刻画。"素描",即用线性块描述位于非线性空间的局部邻近点,与素描基础中的"以直代曲"思想相同。正如前文提到,局部线性嵌入 (locally linear embedding, LLE) 能够找到流形的内在维度而保持数据点的位序不变。因此，构建流形描述子的过程包含如下 3 步。

第 1 步：对数据子集应用 LLE 算法，找到潜在的低维嵌入。LLE 算法需要指定两个参数：一个是近邻点的个数 (记为 k)；另一个是目标嵌入的维度 d。k 由用户手动设置，而 d 可以手动设置，也可以自动确定。若数据点均匀采样自一个流形，则近邻点的个数 k_ϵ 和一个很小的正数 ϵ 应该满足关系 $k_\epsilon \propto \epsilon^d$，这里 ϵ 是用来确定两个数据点是否为近邻关系的距离；d 是内在维度 [10]。运用这一思想，已经有一些方法可以估计内在维度 (如文献 [20])。

第 2 步：在低维嵌入上选择具有代表性的地标点。首先把第一个维度的范围平均分成 S_1 条线段，这样整个数据集就会被拆分成 S_1 个小块。然后，对于每一个从第一维度拆分得到的子集，把第二个维度等分成 S_2 段，以此类推，直到在所有的维度上都进行了拆分。这样就得到了一个"理想地标点"（虚拟数据点）的集合。但是这些理想地标点并不能直接使用，因为 LLE 方法中不存在从嵌入到原始数据空间的显式坐标变换。因此，我们采用的方法是：在从维度拆分得到的 $N^{lp} = \prod_{i=1}^{d} S_i$ 个子集中，为每个理想坐标点查找一个最近的真实数据点。在低维嵌入上选择地标点的方法详细描述于算法 5.2 中。

第 3 步：追溯到原始数据中的地标点。通过嵌入上采样的地标点的位序，找到在原始数据中的真实地标点。这样，由这些地标点定义的线性块就是所需的信息粒描述子。

作为一个构建流形描述子的例子，请参见图 5.2。

注意到算法 5.2 中，有 $\prod_{i=1}^{d} S_i$ 个线性块和 $\prod_{i=1}^{d} (S_i + 1)$ 地标点。就是说，地标点和线性块不是一一对应的关系。因此，每个维度上的最后两个地标点共享一个线性块。

5.3.2　从流形描述子重建数据

在人工数据点生成这个问题上，已经有一些研究报道（如文献 [21] 和 [22]）。但是，这些研究报道的目的和此处并不相同。它们的目的是在标记数据不充分的情况下，用人造样本来做半监督聚类以提高机器学习的准确性。而此处重建数据点的目的是恢复原始数据点，与非精确的解压缩更为相似。沿着这种描述——重建的途径，可以朝着设计一种通用数据类型的压缩——解压缩框架开展进一步研究。稍后，将基于这些重建的数据点来评价流形描述子。

算法 5.2: 从低维嵌入 Y 中选择地标点

   Input: 低维嵌入 $Y(Y \subset \mathscr{R}^d)$, $d < D$; 每个维度上的分段数目 S_i,

        $1 \leqslant i \leqslant d$.

   Output: 来自 Y 的地标点集合 L^y, 其中 $N^{lm} = |L^y| = \prod\limits_{i=1}^{d}(S_i + 1)$;

        位于每个线性块中的数据点下标集合 $\boldsymbol{I}_i^{lp}$, 这里

        $\sum\limits_i \left| I_i^{lp} \right| = N$, $1 \leqslant i \leqslant N^{lp}$.

1 $CurSet = \{Y\}$;

   `// Split the embedding into subsets;`

2   **for** $i = 1$ *to* d **do**

3 $SetCard = |CurSet|$;

4   **for** $j = 1$ *to* $SetCard$ **do**

5 $CurSet_j$=split $CurSet_j$ along the ith dimension into S_i
            subsets;

6 $\boldsymbol{I}^{lp}$=Record the indices in $CurSet$;

   `// Decide the splitting length on each dimension;`

7   **for** $i = 1$ *to* d **do**

8 $L_i^{dim} = (max(Y(:,i)) - min(Y(:,i)))/S_i$;

   `// Find the landmark in each linear patch;`

9   **for** $i = 1$ *to* N^{lp} **do**

10   **for** $j = 1$ *to* d **do**

11 $SegInd$=Decide the index of segmentation on j^{th} dimension
            for i^{th} linear patch with modulus and quotient w.r.t. $\{S_i\}$;

12 $vp_j = (min(Y(:,j)) + (SegInd - 1) * L_j^{dim}$;

13 $\boldsymbol{vp} = (vp_1, vp_2, \cdots, vp_d)$;

14 L_i^y= find the nearest point to $\boldsymbol{vp}$ in $CurSet_i$;

    一旦线性块形成, 我们就可以在每个块上随机生成数据点, 生成点的数目和原始数据落入该块的数据量相同。然而, 由于四点确定的通常不是平面, 当曲面方程未知时从上面随机采样计算复杂性较高, 所以我们使用一种由图 5.3 演示的线性生成策略。这里, 首先在第一个维度两边的各两个端点之间均匀地生成 8 个数据点, 相对的这两边上每对端点沿着第二维度的方向确定

了一条直线 $l_i(1 \leqslant i \leqslant 10)$。然后，沿着每条 $2l_i$，在两个端点之间再均匀地生成两个数据点。通过这样的方式，图中所示的线性块上就快速地重建了除地标点之外的 36 个人工数据点。

图 5.3　单个线性块上数据点重建示例

按照惯例，曲面最好的近似是通过一组邻接的三角形。但是，为了与更高维度情形一致，此处使用四边形

数据点重建时每个维度上点的数目由子集的基数和线性块上每个维度的线段长度之比共同确定。如果子集的基数和长度之比不能完全匹配，就将剩余的数据点统一安排在最后一个维度的最后一条边上。尽管我们此前的讨论以二维线性块作为例子，但是将这个方法推广到三维以上的情形并不困难。只不过那种情况的块不再是曲面，而是一个盒子或者超盒。

5.3.3　流形描述子的评价

有了流形描述子，就可以使用 5.3.2 节中的方法重建最细粒度数据点 $\tilde{X}$。而通过计算原始数据集 X 和重建数据集 $\tilde{X}$ 之间的差异，可以定量评价流形描述子的描述能力。定义一个名为草图误差 (sketch error) 的差异性度量，该度量基于土壤移动距离，具体公式为

$$\text{SketchError} = \sum_{i=1}^{N_{lp}} \sum_{j=1}^{N(lp_i)} \sum_{k=1}^{N(lp_i)} \frac{\|x_{ij} - \tilde{x}_{ik}\|_2}{N(lp_i)} \tag{5.5}$$

式中，$\bigcup\limits_{i,j} x_{ij} = X$；$\bigcup\limits_{i,k} \tilde{x}_{ik} = \tilde{X}$；$\sum\limits_i N(lp_i) = N$。对于每个线性块，其中包含的原始数据点的下标 $\{x_{ij}\}$ 存储在向量 I^{lp} 中（算法 5.2）。

在实验中我们观察到，使用的地标点越多，草图误差就越小，也就意味着对原始数据的近似就越好。这与我们的常识是一致的。实践中，对于 N^{lp} 可能会有很多种选择，也可能会寻求一个最优化的标准来确定 N^{lp} 值。但是，为了简便起见，在此只建议性地提出一个选择 N^{lp} 的原则。

在满足特定应用需求的前提下，N^{lp} 越小越好。

例如，对于图 5.4 中流形描述子构建，如果应用需求是"看得出数据的

大致分布"，那么可以说 (d) 比 (f) 更好。

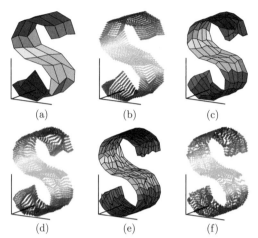

图 5.4 三个粒度上的流形描述子和重建数据集 $\tilde{X}$
(a)–(b) $N^{lp} = 12 \times 3$；(c)–(d) $N^{lp} = 20 \times 5$；(e)–(f) $N^{lp} = 30 \times 10$

5.4 LoDOG 信息粒的可解释性

总的来说，LoDOG 信息粒的语义是把从全部数据构建的整棵引领树进行拆分，得到一组子树。关于信息粒可解释性的量化还是一个正在研究的问题[23]。作为一种替代方法，本领域的研究者通常以计算可验证粒度的两个要素（即涵盖性和明确性）来表示信息粒的可解释性[5]。由于子树是任意形状的，属于同一个信息粒的所有数据点都被连接到相应的子树，因此可以说每一个 LoDOG 信息粒都具有 100% 的涵盖性。但是，因为难以为每棵子树的闭包设计一种通用的几何描述，所以普通情形下树形信息粒的明确性就不便计算。

然而，当信息粒可以用流形描述子描述时，就有一种替代方法来量化涵盖性和明确性。既然流形描述子是一组线性块，我们就可以使用处在线性块上的数据点数作为涵盖性，而使用线性块的广义体积（长度、面积、体积等）之和定义明确性。但是直接计数严格位于线性块上的数据点并不合理，因为这个数字就等于地标点的个数，不能很好地表示出涵盖性的语义。因此，计算涵盖性时松弛一下对数据点的位置要求，以草图误差为基础定义 ε-等价涵盖性（记作 coverage$_\varepsilon$）。直观上，草图误差越小则重建数据对原始数据的模拟就越相似（图 5.4），也可以解释为原始数据点更靠近线性块，因而有更大的 ε-等价涵盖性。

为了定义 ε-等价涵盖性，我们虚拟地将一部分真实数据投射到线性块上，而将另一部分向更加远离线性块的方向拖动，同时保持线性块上的点和真实数据之间的总体 EMD 不变。图 5.5 演示了这一思想。

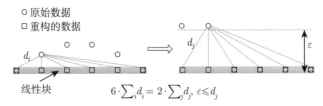

图 5.5   一个线性块上的 ε-等价涵盖性示例

应用中，参数 ε 通过分位点技术自适应地确定

根据图 5.5 和式 (5.5)，得到

$$N(lp_i) \times \text{SketchError}_i \geqslant N_{\text{far}_i} \times N(lp_i) \times \varepsilon \tag{5.6}$$

式中，N_{far_i} 为被拖出线性块 ε-邻域的数据点数目；SketchError_i 为针对线性块 i 的草图误差。因此得到

$$N_{\text{far}_i} \leqslant \text{SketchError}_i / \varepsilon \tag{5.7}$$

最后，显然有

$$\text{coverage}_\varepsilon(\Omega_m) = N_m - \sum_i N_{\text{far}_i} \geqslant N_m - \frac{\text{SketchError}}{\varepsilon} \tag{5.8}$$

式中，N_m 为信息粒 Ω_m 的数据规模。实用中，可以使用下界来估计 $\text{coverage}_\varepsilon(\Omega_m)$。

信息粒 Ω_m 的明确性定义为

$$\text{specificity}(\Omega_m) = \left(\sum_{j=1}^{N_m^{lp}} \text{size}(LP_j) \right)^{-1} \tag{5.9}$$

式中，$\text{size}(LP_j)$ 为线性块 j 的几何度量，即对于线段来说是长度，对于四边形来说是面积，对于六面体来说是体积。

使用这种方法量化可解释性，在实验中我们看到线性块越少，涵盖性越低并且明确性越高。反之，线性块越多，涵盖性高并且明确性越低。这和可验证粒度准则是一致的。

5.5 复杂性分析

5.5.1 LoDOG 复杂性分析

LoDOG 算法的时间复杂性包含两个部分：一部分是引领树构建；另一部分是为每个可能的信息粒个数计算目标函数值。如文献 [1] 所述，构建引领树的时间复杂性是 $O(DN^2)$，这里 N 是数据集 X 的规模；D 是 X 所嵌入的空间维度①。式 (5.1) 中并不需要对从 1 到 N 的每一个 i 都计算目标函数 J 的值，因为过多（如几千，甚至更多）的信息粒其实会违背粒计算的意义。所以，可以凭经验为 N_g^{opt} 设置一个可能的最大值 $\mathrm{Max}Ng$。计算 $\sum_{i=1}^{\mathrm{Max}Ng} \mathrm{DistCost}(\Omega_i)$ 的复杂性是 $O(N)$，考虑 Ng 从 $\mathrm{Max}Ng-1$ 到 2 增量式计算 $\sum_{i=1}^{Ng} \mathrm{DistCost}(\Omega_i)$ 的复杂性是 $O(\mathrm{Max}Ng)$。所以，第二部分的复杂性是 $O(N+\mathrm{Max}Ng)$。LoDOG 中的计算复杂性是

$$\mathrm{TC}_{\mathrm{LoDOG}} = O(DN^2 + N + \mathrm{Max}Ng) \approx O(DN^2) \tag{5.10}$$

相比之下，ElliGra 需要从 2 到 $\mathrm{Max}Ng$ 寻找最佳的 k 值。对于每一个 k，ElliGra 需要使用 FCM 或者 GK-clustering 进行聚类，并且在每次为相应的粒化方案评分之前，还需要执行差分进化算法确定信息粒的形状。因此，ElliGra（FCM 版本）的时间复杂性是

$$\mathrm{TC}_{\mathrm{ElliGra}} = O\left(\sum_{k=2}^{\mathrm{Max}Ng}(NkD + MSQ))\right)$$
$$\approx O(Nk^2D + kMSQ) \tag{5.11}$$

式中，Nk^2D 对应于最高效的 FCM [24]；$kMSQ$ 对应于差分进化算法；M 为迭代次数；S 为种群规模；Q 为可行解编码的长度。

5.5.2 关于流形描述子的复杂性

关于流形描述子相关任务的时间复杂性，我们考虑三个方面：① 从嵌入上采样地标点；② 重建最细粒度的数据；③ 流形描述子评价。

如果使用最直接的实现方法而不考虑特别努力地去降低复杂性，LLE 的复杂性包含三个部分，分别对应于 LLE 算法的三个步骤，即

① 如果 X 不是采样自 D 维空间，如社交网络分析的情形，则计算距离矩阵的复杂性将另外讨论。

$$\text{TC}_{\text{LLE}} = O(DN^2 + DNk^3 + dN^2) \approx O(DN^2) \tag{5.12}$$

式中，k 为最近邻的个数；d 为目标嵌入的维度[10]。流形描述子构建中的另一个关键步骤是在嵌入上进行地标点采样。不难分析算法 5.2 从嵌入中采样地标点 (sampling the landmarks from embedding, SLME) 的计算复杂性为

$$\text{TC}_{\text{SLME}} = O(NN^{lp} + N^{lm}(d + N/N^{lp})) \approx O(NN^{lp}) \tag{5.13}$$

式中，N^{lp} 为线性块的个数；N^{lm} 为地标点个数；$O(NN^{lp})$ 为确定哪些点在哪个线性块内的复杂性；$O(N^{lm}d)$ 为计算 Y 中虚拟地标点的复杂性；$O(N^{lm}N/N^{lp})$ 为每个虚拟地标点找出最近真实点的复杂性。根据下标从 Y 到 X 映射地标点的原像不需要任何实际的操作。所以，构建流形描述子的总体时间复杂性为

$$\text{TC}_{\text{ManiDes}} = \text{TC}_{\text{LLE}} + \text{TC}_{\text{SLME}} \approx O(DN^2) \tag{5.14}$$

正如 5.3.2 节中描述的一样，从流形描述子构建最细粒度数据点的过程对于维度 D 和数据规模 N 都是线性的，即

$$\text{TC}_{\text{Recons}} = O(DN) \tag{5.15}$$

为了使用草图误差评价数据重建的质量，我们在每个线性块上计算规范化的 EMD。这样，评价重建数据的时间复杂性就是

$$\text{TC}_{\text{SketchError}} = O(N^{lp}D(N/N^{lp})^2) = O(DN^2/N^{lp}) \tag{5.16}$$

显然，计算 LoDOG 信息粒可解释性的两个要素的时间复杂性分别为 $O(1)$ 和 $O(N^{lp})$。

5.5.3　与其他研究工作的关系

(1) DPC 的假设为："聚类中心由局部密度更低的数据点包围，并且聚类中心到更高局部密度点的距离相对来说很远"[15]，在这个假设成立的所有场合下 LoDOG 均可以运用。在存在多粒度信息粒的情况下，参数 α 的赋值可能会影响最终的 N_g^{opt}。α 值越大表明整个目标函数越强调最小化信息粒的个数，导致 N_g^{opt} 越小，反之亦然。因此，不同的 α 赋值就可以获得与 DenPEHC[9] 相似的层次聚类结果。使用 LoDOG，数据集被粒化成为 N_g^{opt}

个微类簇以最小化式 (5.1) 中的目标函数 J, 不同的 N_g^{opt} 结果刻画了数据分布的层次性特征。

前文将 DPC 应用于数据流聚类的研究[1]中, 使用了静态 n_f (胖节点个数) 的策略。如果将 n_f 变为由 LoDOG 方法自动确定, 该项研究还有可能得到改进。

(2) 流形-地标点描述子和数据点重建的思想与稀疏表示[25,26]存在一些共同之处。它们都先选择出典型的样本, 然后用其表示所有数据。但是, 两种方法之间的区别也同样明显。流形描述子着眼于为整体数据做高效的概括, 对数据的近似表示是局部化的, 因而其复杂性是线性的。与此不同, 稀疏表示追求的是以少量的类簇中心尽量精确地表示整个数据集, 因此不得不通过求解一系列方程来进行全局最优化计算, 因而通常复杂性较高。

(3) 在数据集生成于某个流形的情况下, 流形描述子在草图误差上超过其他描述子。原因是流形描述子通过具有代表性的地标点真实刻画了数据的形状, 而其他的 (如椭球体或超盒) 描述子使用通用的方法来 "装入数据点"。但是, 如果数据点并非采样自流形, 则流形描述子将会丧失它的优势。此时, 可以使用类似于过完备字典[26]的方法来表示信息粒。

(4) 在数据集确实仅仅包含椭球状信息粒的情形下, ElliGra[6]与本章方法相比仍然是合理的选择, 因为它将信息粒构建和信息粒表示打包在统一过程中。因此, ElliGra 更易于理解和实现。与此不同, 本书的方法单独对粒化和表示分别进行建模, 完全理解背后机制的难度更大一些。

(5) LoDOG 构建信息粒的机制与模糊集有很大差别。因为模糊集信息粒来自自然语言描述的概念和对应的模糊图, 每一条数据可能携带几个不同的模糊信息粒标记, 只不过这些标记的隶属度可能不同[27]。相比之下, 每个对象只属于一个清晰的 LoDOG 信息粒。粗糙集可以构建多种多样的信息粒, 因为已经从经典的 Pawlak 粗糙集模型[28]衍生出许多的扩展粗糙集模型, 其中 LoDOG 与邻域粗糙集[29]具有最多的共同之处。因为邻域粗糙集也需要考虑任意一对样本之间的距离以及截断距离参数。将来我们可能会进一步探究 LoDOG 与邻域粗糙集的关系。

生成自不同模型的信息粒有着不同的内部结构, 有一些研究报道考虑了异构信息粒之间的通信问题。最近, Qian 等提出了粒结构之间的差别度量, 然后将它放进 K-means 算法框架中, 以实现对来自不同模型的信息粒进行分组[30]。

5.6　实验及结果分析

5.6.1　实验环境和数据集

本章所有实验在一台个人计算机机上运行，基本配置为 8GB 内存，Intel i5-2430M CPU，64 位 Windows 7 操作系统。编程环境是 Matlab 2014a。在 7 个数据集上验证 LoDOG 和流形描述子的有效性，其中 4 个是人工数据集，另外 3 个是真实世界数据集。表 5.1 列出了这 7 个数据集的概要信息。在实验中演示 FCM 和 GK-clustering 聚类结果时，使用的是 Balasko 等开发的 Matlab 工具盒[31] 中的标准实现版本（需要本章实验代码可以联系作者）。

表 5.1　本章实验中使用的数据集

编号	名称	来源	维度	样本数	信息粒数
1	Curves	Artificial	2	764	4
2	ToyDS	Artificial	2	59	7 或 2
3	Ellipses	Artificial	2	338	5
4	S-Surface	Artificial	3	2000	1
5	USPS (subset)	Real	256	3300	3
6	PIE (subset)	Real	1024	170	——
7	AstroPh	Real	2	396,160	9 或 7

5.6.2　实验结果与分析

1. Curves 数据集

Curves 数据集由 4 条曲线组成：左边一条是由方程 $y = x^2$ 生成的二次曲线，然后经过旋转和平移；中间两条都是由 $y = \sin(x)$ 方程在 $x \in (0, \pi)$ 区间取值确定的曲线上采样得到的；右边一条是普通的螺旋线，由参数方程 $x = r \times \cos(\theta), y = r \times \sin(\theta)$ 当 r 和 θ 同时增长生成。Curves 数据集用于演示 LoDOG 对于参数 α 的鲁棒性以及它检测任意形状信息粒的能力。另外，这里的二次曲线可用来测试对 LoDOG 信息粒的流形描述。

如图 5.6 所示，LoDOG 自动发现了正确的信息粒数目，并且准确地检测到和人类直觉完全匹配的曲线信息粒。当参数 α 在一个很宽的范围（0.5~0.8）变化时，N_g 的最优解保持不变。但是，尽管已经手动将信息粒个数设置为 4，FCM 和 GK-Clustering 仍然均不能发现正确的信息粒。

在未知其背后生成方程的情况下，对二次函数曲线数据 X_{quad} 进行重建，见图 5.7。利用 5.3 节中介绍的方法，在由地标点确定的线段上生成数据点以模拟原始最细粒度数据。线性块的数目从 $N^{lp}\{4, 6, 10\}$ 中依次取值。可以看

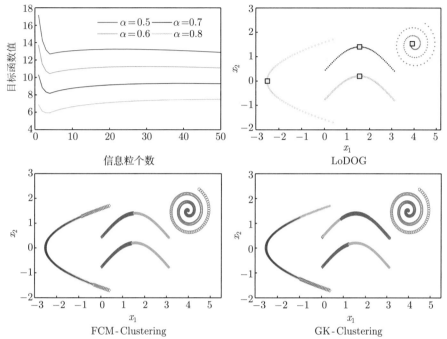

图 5.6　Curves 数据集上的 LoDOG 结果（顶部面板）和 FCM/GK-Clustering 在这个数据集上的结果（底部面板）
填充了黄色的小方块是信息粒的中心，这个惯例适用于本章其他所有插图

出，X_{quad} 和重建数据集 $(\tilde{X}_{\text{quad}})$ 之间的相似性随着 N^{lp} 的增大而增加。当使用包含 11 个地标点的流形描述子来表示这个包含 171 个原始数据点的数据时，很难看出 X_{quad} 和 $\tilde{X}_{\text{quad}}$ 之间的区别。

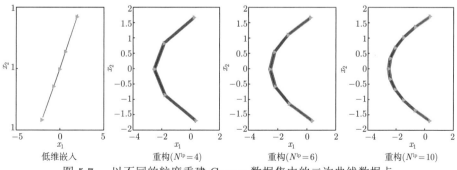

图 5.7　以不同的粒度重建 Curves 数据集中的二次曲线数据点
绿色三角形表示采样到的地标点

最后，使用式 (5.5) 中定义的草图误差量化 X_{quad} 和 $\tilde{X}_{\text{quad}}$ 之间的差异性。当 N^{lp} 等于 4、6 和 10 时，草图误差分别是 102.38、69.23 和 44.57。为

了便于查看，将所有关于流形描述子的草图误差、ε-涵盖性和明确性都统一在表 5.3中列出。

2. ToyDS 数据集

第二个人工数据集用来演示 LoDOG，其也可以作为一种高效层次聚类方法。借助这个数据集，我们可以观察到选择式 (5.1) 中不同的 α 参数值，得到不同粗细粒度的信息粒。更大的 α 意味着目标函数值强调 N_g，因此得到更少的信息粒（图 5.8）。同样在这个数据集上，我们还发现基于 FCM 或者 GK-Clustering 的粒化方法不能找到合理的信息粒（图 5.9）。

另一种称为 DenPEHC [9] 的层次聚类方法也是基于引领树结构。DenPEHC 中，类簇层次结构是通过分析 γ 值曲线确定的，该方法涉及两个参数 (LocalR 和 GlobalR)。DenPECH 的基础是对 γ 曲线中出现的"台阶"的观察，因而它是经验性和启发式的。相反，LoDOG 相比之下具有更强的合理性，因为它具有形式化描述的优化目标函数式 (5.1)。另外，LoDOG 仅仅通过变化一个参数 α 就可以实现层次聚类，所以更容易操纵和解释聚类的结果。

3. Ellipses 数据集

这个数据集用来展示在椭圆形数据集上，同样可以高效而准确地构建信息粒。如图 5.10所示，数据集被粒化为 5 个信息粒，与人类认知完全相同。使用 FCM 核的 ElliGra(EG_{FCM}) 和使用 GK-Clustering 核的 ElliGra(EG_{GK}) 都可以像 LoDOG 一样发现正确的信息粒，但是它们的时间耗费要远多于 LoDOG(EG_{FCM} 和 EG_{GK} 分别消耗 LoDOG 的 4.9 倍和 119 倍时间）。在 5 个数据集上，LoDOG 和对比方法的运行时间细节在表 5.2 中列出。

表 5.2　LoDOG 与其他粒化方法的运行时间对比

数据集	时间/s			加速比	
	EG_{FCM}	EG_{GK}	LoDOG	EG_{FCM}	EG_{GK}
Curves	1.15	5.85	0.27	4.18	21.24
ToyDS	3.30	4.58	0.12	28.30	39.26
Ellipses	0.64	15.67	0.13	4.90	119.00
USPS	15.34	63.87	3.25	4.72	19.63
PIE	2.63	21.71	0.18	14.54	120.01
AstroPh	—	—	2.82	—	—

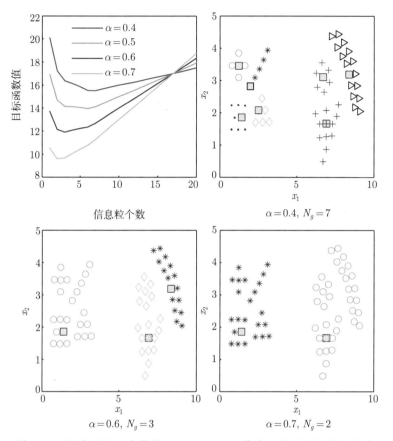

图 5.8   通过调节 α 参数值，LoDOG 可以作为一种层次聚类的方法

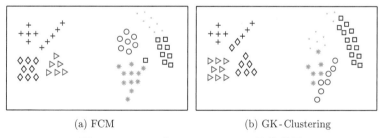

(a) FCM   (b) GK-Clustering

图 5.9   FCM 和 CK-Clustering 聚类结果

这里，类簇个数被手动设置为 7

4. S-Surface 数据集

图 5.7 中已经展示了针对二维平面上曲线的流形描述子构建和数据重建。在此继续对文献 [11] 中出现的三维 S 形曲面做同样的任务。在 3 个粒度

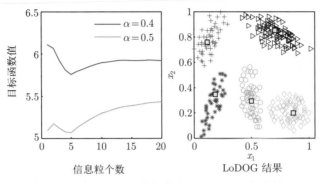

图 5.10　　在 Ellipses 数据集上 LoDOG 运行的结果

上进行描述子构建和数据重建。像平常一样，采样的地标点越多，得到的草图误差越小（图 5.4 和表 5.3）。

　　直观上，由线性块构成的信息粒描述子比盒状或椭球体信息粒描述子（图 5.1）具有更高的涵盖性和明确性。但如果使用同样的评价度量来比较这两种方法则是不合适的，因为对于流形描述子而言，用于度量明确性的几何特征已经变成了面积，而不是盒子或椭球体的体积。因此，转而使用草图误差和 ε-涵盖性来共同评价一个流形描述子。但是，如果想使用草图误差和 ε-涵盖性来比较流形描述子和椭球体或者盒状方法，同样也是不合适的。因为在这种情形下，后者重建的数据已经和原始数据完全没有相似性了，必然导致非常差的量化指标。

表 5.3　　流形描述的评价

信息粒 (数据量, ε)	d_Y	线性块数	草图误差	ε-涵盖性	明确性
Curves (171, 1.57)	1	4	102.38	106	6.75^{-1}
		6	69.23	127	6.80^{-1}
		10	44.57	143	6.96^{-1}
S-Surface (2000, 2.69)	2	12×3	1382	1486	44.86^{-1}
		20×5	922	1657	50.57^{-1}
		30×10	635	1764	68.16^{-1}
USPS '5' (1100, 6.86)	2	10	6165	201	62.66^{-1}
		20	6122	208	137.16^{-1}
		50	5888	242	336.45^{-1}
USPS '9' (1100, 7.12)	2	10	5913	270	69.32^{-1}
		20	5804	285	119.91^{-1}
		50	5648	307	282.11^{-1}

5. USPS 手写数字数据集

USPS 数据集是 11000 个手写数字 '0'~'9' 的灰度图像，每个数字 1100 个，分辨率为 16 像素 × 16 像素。由于观察实例的采样足够充分，该数据集非常适合构建信息粒的流形描述子。同文献 [10] 一样，首先选择 3 个数字（此处是 '0'、'5' 和 '9'）构成一个子集，然后运用 LLE 算法将其维度降低至二维（初始时 LLE 中的 d 参数设置为 3，但是由于最后一个维度上所有对象的取值几乎相同，只保留前面二维）。

LLE 流形降维的结果如图 5.11 的左上面板所示。可以看出除了少量重叠，这 3 个数字在二维空间中分离较好，因此后续的粒化就有机会产生很好的结果。很明显，这里类簇的形状不是球形或者椭球形的，因此经典的 FCM 或者 GK 聚类方法可能会将一些数据错误地聚类。在图 5.11 的右下面板中，数字 '0' 被 FCM 错误划分的区域用虚线椭圆形标记出来。实验结果还显示，参数 α 从 0.3 变化到 0.6，LoDOG 都能够获得很好的粒化结果。

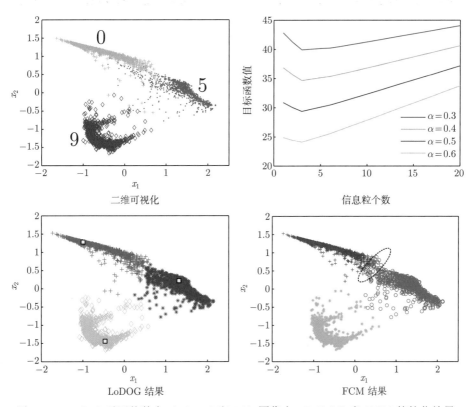

图 5.11   USPS 手写体数字（'0'、'5' 和 '9'）图像上，LoDOG 和 FCM 的粒化结果

数字 '5' 和 '9' 分别使用 {10, 20, 50} 个地标点进行数据点重建。相应的草图误差在表 5.3 中列出。尽管相对于原始数据的总量 1100 而言,地标点的数量 20 很少,但是我们看到除了有一些模糊和重影外,重建图像和原始图像非常相似。图 5.12(b) 将地标点显示出来以便查看它们的表示能力。换句话说,每个地标点的图像都明显不同于其他。因此,基于这些给定数字的典型形状,其余这个数字的形状都可以由这些地标点中的相邻点通过加权求和得到。正如 5.5.3 节中讨论过的,这种方法和稀疏表示具有一些相似的思想,但是它们的根本目的是不同的。

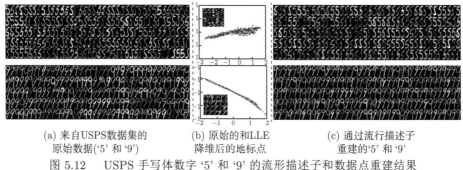

(a) 来自USPS数据集的　　　　(b) 原始的和LLE　　　　(c) 通过流行描述子
　　原始数据('5' 和 '9')　　　降维后的地标点　　　　重建的'5' 和 '9'

图 5.12　　USPS 手写体数字 '5' 和 '9' 的流形描述子和数据点重建结果
对于每个数字只显示前 200 个原始数据和重建数据。(b) 中的三角形是地标点

6. PIE 人脸数据集

卡内基梅隆大学的 PIE 人脸数据集包含了 20000 张人脸图像,采集了 68 个实验参与者以不同的姿态、光照条件和表情产生的人脸图像。因为在同一个人的人脸图像中,有很多组的图像外观非常相似,本实验选择第一个采集对象(女性)的 170 张图像,然后使用 LoDOG 来粒化这一人脸子集。首先将图像 64×64 下抽样到 32×32 分辨率,然后使用标准的 LLE 算法将维度降低到三维。同 USPS 数据集的情况一样,由于第三维的取值几乎相同,所以只保留前面两维。

如图 5.13 所示,当 α 参数取值为 0.3 或者 0.4 时,这些图像可分别被粒化成 15 个或者 4 个信息粒。图 5.14 中显示了 15 个信息粒的粒化结果,从中可以看出一些信息粒内部的人脸图像具有很高的相似性,如 IG_1、IG_3、IG_5、IG_11、IG_14 等。尽管也有一些信息粒内部会有一两张图像明显和其他不同,如 IG_7、IG_9、IG_15,但总体上这 15 组由 LoDOG 算法得到的图像分组中,组内图像之间的相似性是很明显的。这个例子很好地说明了粒计算对于人类认知和描述世界很有帮助。

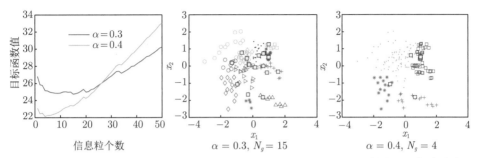

图 5.13   LoDOG 方法在 PIE 数据集子集（降维以后）上的目标函数值对于信息粒个数的变化以及粒化结果

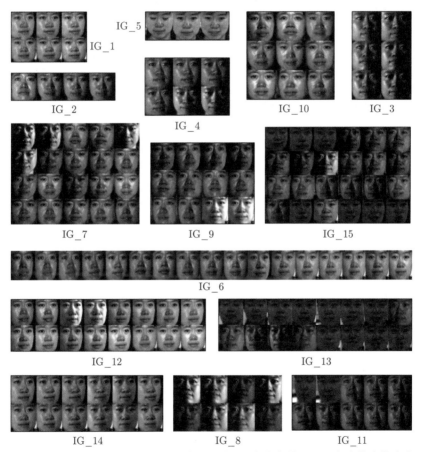

图 5.14   LoDOG 将 PIE 数据集子集粒化成为 15 个信息粒之后，各个信息粒中的元素以原始图像形式显示

考虑不同的姿态、光照和表情会使一个人的人脸图像产生非常多的组合，

170 张图像远远不足以形成一个光滑而连续的流形。相比之下，文献 [10] 中，作者使用了 1965 张同一个人的人脸图像来发现隐藏的低维嵌入。因此对于这个 PIE 子集，我们不做流形描述子的构建。相应地，重建细粒度数据点的任务也省略了。

为了方便查看，本章实验中 LoDOG 的参数配置全部列在表 5.4 中。

表 5.4　　LoDOG 实验的参数配置

数据集	α	d_c 分位点	$H(x)$	N_g^{opt}
Curves	[0.5, 0.8]	[0.2, 2]	$log(x)$	4
ToyDS	[0.4, 0.7]	6	x	{7, 6, 3, 2}
Ellipses	[0.4, 0.5]	[4, 8]	$log(x)$	5
USPS	[0.3, 0.6]	[3, 8]	x	3
PIE	[0.3, 0.4]	1	x	{15, 3}
AstroPh	[0.55, 0.7]	1	$50 * x$	{9, 7}

7. Astroph 社交网络

在个性化推荐、舆情监控及其他方面，社交网络中的社区发现问题近年来受到广泛关注。聚类是社区发现的一种传统方法[32]。社交网络中的社区可以是重叠的，也可以是不相交的。因此，这两类社区发现的方法通常并不相同，直到最近 Chakraborty 等提出的 GenPerm 方法[33] 可以在同一框架下发现重叠和非重叠的社区。更为常见的是，重叠社区发现是由非重叠社区发现扩展而来的（如文献 [34] 和文献 [35]）。

由于 LoDOG 能够高效准确地创建最优信息粒，并且 DPC 最初设计时以距离矩阵作为输入，因此，LoDOG 在社交网络社区发现中显示出巨大的潜力。X 嵌入在 D 维空间并非 LoDOG 适用的必要条件，这就使得 LoDOG 可以应用到以二元组 [vertex$_1$, vertex$_2$] 表示两个节点之间具有相关关系的社交网络中。由于社交网络不是采样自 D 维空间，也就不需要考虑流形描述子的问题。为了避免过多偏离本章主题，本节只讨论非重叠社区的发现，尽管重叠社区也许在实际中更为普遍。事实上，作者计划在未来的研究中将 LoDOG 扩展到重叠社区发现中。同样，不大量地与前沿社区发现方法进行对比。

本节使用的数据集 ca-AstroPh 下载自文献 [36]，这是一个表示天文物理研究论文中合作研究关系的数据集。如果研究者 i 和研究者 j 合作了一篇论文，则二元组 $[i, j]$ 被添加到数据集中。

本节使用的距离度量是顶点 i 和 j 的邻域 $\Gamma(i)$ 和 $\Gamma(j)$ 之间的重叠度 (overlap)，计算方式是用两个邻域交集的基数除以并集的基数[32]，即

$$d_{ij} = \frac{|\Gamma(i) \cap \Gamma(j)|}{|\Gamma(i) \cup \Gamma(j)|} \tag{5.17}$$

最直接的计算式 (5.17) 的时间复杂性是 $O(N^3)$，因此需要考虑邻接矩阵的稀疏性来加快计算。

LoDOG 在 6 个数据集 (Curves、ToyDS、Ellipses、USPS、PIE 和 AstroPh) 上的运行时间，以及对比方法 (EG_{FCM} 和 EG_{GK}) 相应的运行时间显示在表 5.2中。从中可以看出，LoDOG 只使用了 EG_{FCM} 所耗时间的一小部分。而 EG_{GK} 总是比 EG_{FCM} 运行的时间更长，因为 EG_{GK} 使用的是自适应范数策略，并且它能够检测任意方向的椭圆类簇。

AstroPh 数据的一个特征是，密切联系的作者位序也相邻。所以，通过邻接矩阵的可视化，可以大致看出这个合作网络包含了 9 个或者是 7 个社区 [图 5.15(a)]。

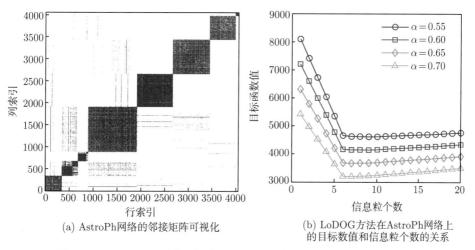

(a) AstroPh网络的邻接矩阵可视化

(b) LoDOG方法在AstroPh网络上的目标数值和信息粒个数的关系

图 5.15　AstroPh 网络可视化及 LoDOG 在 AstroPh 上的粒化结果

实验过程如下。首先将输入的二元组 (形式为 $[\text{vertex}_1, \text{vertex}_2]$) 转换成邻接矩阵。然后，每对顶点之间的距离用式 (5.17) 计算出来，这样就得到了距离矩阵 Dist。最后，LoDOG 用 Dist 作为输入，产生的粒化结果如图 5.15(b) 所示，使用的参数配置也可以在表 5.4中找到。LoDOG 自动找到了正确的社区数量。

实验是在整个 AstroPh 数据集上开展的，但是为了显示的简洁性，选择其中的一个子网络 (最前面的 900 个作者) 来做可视化。网络的布局和显示使用免费软件 NetDdraw[37]，但是每个顶点的标记采用 LoDOG 的结果。如图

5.16 所示,除了少量的三角形 LoDOG 的结果与图布局的结果非常一致。这就很有说服力地展示了 LoDOG 在社区发现问题中的有效性。使用文献 [38] 中定义的模块性 (modularity) 度量,得到了模块性 Q 值为 0.683,这个 Q 值的典型取值范围为 0.3～0.7 [38]。所以,本节定量地验证了 LoDOG 在 AstroPh 数据集上具有良好的性能。

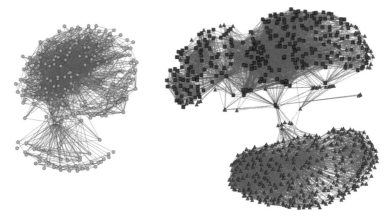

图 5.16　　LoDOG 在 AstroPh 子网络上的粒化结果

8. LoDOG 的可扩展性

与其他很多的机器学习模型一样,LoDOG 也有着 $O(N^2)$ 复杂性的计算距离矩阵的瓶颈。然而,由于距离矩阵的广泛应用,很多典型的计算平台 (如 Matlab、Octave、R 等) 和 CPU 厂商都为改进距离矩阵的计算效率做出了极大的努力 [39]。通过在 Curves 数据集及它的另外四个更密集采样版本 (分别是 5×、10×、15×、20× 的数据规模) 上测试,本章演示了 LoDOG 的可扩展性。运行时间随数据量增长的幅度如图 5.17 所示,可以看出 LoDOG 的时间耗费介于二次方和线性之间。运行时间大概具有 ξN^2 的形式,并且 ξ 要比 0.5 小得多。

在大数据场景下,人们往往希望一个算法是线性复杂性的。尽管系数 ξ 变得很小,LoDOG 算法的精确版本始终还是具有 $O(N^2)$ 的时间复杂性。因此,需要使用并行平台和 (或) 近似计算的方法（如局部敏感哈希 [40,41]）来帮助 LoDOG 扩展到大数据环境下。本书第 6 章将解决这个问题。

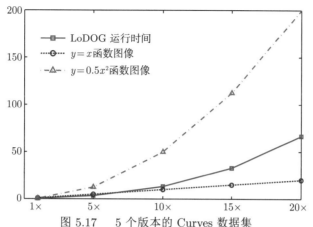

图 5.17　5 个版本的 Curves 数据集

分别有 764、3820、7640、11460、15280 个数据点，运行时间的增长趋势

5.7　本 章 小 结

本章基于引领树结构提出一种准确而且高效的粒化方法——LoDOG，如果信息粒中的数据点具有流形分布，还提出一种信息粒的流形描述子和基于该描述子的最细粒度数据重建方法。为了评价数据重建的质量，定义了草图误差来量化原始数据和重建数据之间的差异。当 LoDOG 信息粒具有流形描述子时，其可解释性用近似涵盖性和明确性予以量化。通过理论分析和经验验证对比了本章所提方法和相应的前沿研究成果，说明本章方法更为高效而且可以检测到任意形状的信息粒，提出的流形信息粒描述子能够忠实地反映原始数据的分布。本章还讨论了 LoDOG 和另一种层次聚类方法 DenPEHC 之间的关系，以及流形信息粒描述与稀疏表示之间的关系。

在实验中探索了 LoDOG 从社交网络中发现社区的潜力。我们打算从下面两个方向扩展本章的研究内容：① 将它应用到大规模社交网络的在线重叠社区发现中；② 在大数据场景下，基于本章构建的信息粒结构，进一步研究如分类和回归预测等的决策算法。

参 考 文 献

[1] Xu J, Wang G, Li T, et al. Fat node leading tree for data stream clustering with density peaks [J]. Knowledge-Based Systems, 2017, 120: 99–117.

[2] Fujita H, Gaeta A, Loia V, et al. Resilience analysis of critical infrastructures: A cognitive approach based on granular computing [J]. IEEE Transactions on Cybernetics, 2019, 49(5): 1835–1848.

[3] Chen C P, Zhang C Y. Data-intensive applications, challenges, techniques and technologies: A survey on big data [J]. Information Sciences, 2014, 275: 314–347.

[4] Pedrycz W, Homenda W. Building the fundamentals of granular computing: A principle of justifiable granularity [J]. Applied Soft Computing, 2013, 13(10): 4209–4218.

[5] Pedrycz W, Succi G, Sillitti A, et al. Data description: A general framework of information granules [J]. Knowledge-Based Systems, 2015, 80: 98–108.

[6] Zhu X, Pedrycz W, Li Z. Granular data description: Designing ellipsoidal information granules [J]. IEEE Transactions on Cybernetics, 2016, 47(12): 4475-4484.

[7] Jing T, Wang C, Pedrycz W, et al. Granular models as networks of associations of information granules: A development scheme via augmented principle of justifiable granularity [J]. Applied Soft Computing, 2022, 115: 1-12.

[8] Pedrycz W, Bargiela A. An optimization of allocation of information granularity in the interpretation of data structures: Toward granular fuzzy clustering [J]. IEEE Transactions on Systems, Man, and Cybernetics, Part B: Cybernetics, 2012, 42(3): 582–590.

[9] Xu J, Wang G, Deng W. DenPEHC: Density peak based efficient hierarchical clustering [J]. Information Sciences, 2016, 373: 200–218.

[10] Saul L K, Roweis S T. Think globally, fit locally: Unsupervised learning of low dimensional manifolds [J]. Journal of Machine Learning Research, 2003, 4(2): 119–155.

[11] Roweis S T, Saul L K. Nonlinear dimensionality reduction by locally linear embedding [J]. Science, 2000, 290(5500): 2323–2326.

[12] He X, Niyogi P. Locality preserving projections (lpp) [C]. Advance in Neural Information Processing Systems (NIPS), 2002.

[13] Rubner Y, Tomasi C, Guibas L J. The earth mover's distance as a metric for image retrieval [J]. International Journal of Computer Vision, 2000, 40(2): 99–121.

[14] Guo Y, Bi L, Wei D, et al. Unsupervised landmark detection-based spatiotemporal motion estimation for 4-d dynamic medical images [J]. IEEE Transactions on Cybernetics, 2021.

[15] Rodriguez A, Laio A. Clustering by fast search and find of density peaks [J]. Science, 2014, 344(6191): 1492–1496.

[16] Tenenbaum J B, De Silva V, Langford J C. A global geometric framework for nonlinear dimensionality reduction [J]. Science, 2000, 290(5500): 2319–2323.

[17] Peters G. Granular box regression [J]. IEEE Transactions on Fuzzy Systems, 2011, 19(6): 1141–1152.

[18] Huang T W, Chen H T. Landmark-based sparse color representations for color transfer [C]. IEEE International Conference on Computer Vision, 2009.

[19] Kolesov I, Lee J, Sharp G, et al. A stochastic approach to diffeomorphic point set registration with landmark constraints [J]. IEEE Transactions on Pattern Analysis and Machine Intelligence, 2016, 38(2): 238–251.

[20] Kégl B. Intrinsic dimension estimation using packing numbers [C]. Advances in Neural Information Processing Systems (NIPS), 2002.

[21] Triguero I, Garcia S, Herrera F. SEG-SSC: A framework based on synthetic examples generation for self-labeled semi-supervised classification [J]. IEEE Transactions on Cybernetics, 2015, 45(4): 622–634.

[22] Melville P, Mooney R J. Creating diversity in ensembles using artificial data [J]. Information Fusion, 2005, 6(1): 99–111.

[23] Gacto M J, Alcalá R, Herrera F. Interpretability of linguistic fuzzy rule-based systems: An overview of interpretability measures [J]. Information Sciences, 2011, 181(20): 4340–4360.

[24] Kolen J F, Hutcheson T. Reducing the time complexity of the fuzzy c-means algorithm [J]. IEEE Transactions on Fuzzy Systems, 2002, 10(2): 263–267.

[25] Wright J, Yang A Y, Ganesh A, et al. Robust face recognition via sparse representation [J]. IEEE Transactions on Pattern Analysis and Machine Intelligence, 2009, 31(2): 210–227.

[26] Aharon M, Elad M, Bruckstein A. K-SVD: An algorithm for designing overcomplete dictionaries for sparse representation [J]. IEEE Transactions on Signal Processing, 2006, 54(11): 4311–4322.

[27] Pedrycz W, Al-Hmouz R, Morfeq A, et al. The design of free structure granular mappings: The use of the principle of justifiable granularity [J]. IEEE Transactions on Cybernetics, 2013, 43(6): 2105–2113.

[28] Pawlak Z. Rough Sets: Theoretical Aspects of Reasoning About Data [M]. Berlin: Springer Science & Business Media, 2012.

[29] Hu Q, Yu D, Liu J, et al. Neighborhood rough set based heterogeneous feature subset selection [J]. Information Sciences, 2008, 178(18): 3577–3594.

[30] Qian Y, Cheng H, Wang J, et al. Grouping granular structures in human granulation intelligence [J]. Information Sciences, 2017, 382: 150–169.

[31] Balasko B, Abonyi J, Feil B. Fuzzy clustering and data analysis toolbox for use with matlab [R]. Veszprem University, Hungary, 2008.

[32] Fortunato S. Community detection in graphs [J]. Physics Reports, 2010, 486(3–5): 75–174.

[33] Chakraborty T, Kumar S, Ganguly N, et al. Genperm: A unified method for detecting non-overlapping and overlapping communities [J]. IEEE Transactions on Knowledge and Data Engineering, 2016, 28(8): 2101–2114.

[34] Sun P G, Gao L, Han S S. Identification of overlapping and non-overlapping community structure by fuzzy clustering in complex networks [J]. Information Sciences, 2011, 181(6): 1060–1071.

[35] Wang X, Jiao L, Wu J. Adjusting from disjoint to overlapping community detection of complex networks [J]. Physica A: Statistical Mechanics and its Applications, 2009, 388(24): 5045–5056.

[36] Leskovec J, Krevl A. SNAP datasets: Stanford large network dataset collection [EB/OL]. http://snap.stanford.edu/data, 2014.

[37] Borgatti S P. Netdraw: Graph visualization software [R]. Harvard: Analytic Technologies, 2002.

[38] Newman M E, Girvan M. Finding and evaluating community structure in networks [J]. Physical Review E, 2004, 69(026113): 1–15.

[39] Dongarra J J, Du Croz J, Hammarling S, et al. A set of level 3 basic linear algebra subprograms [J]. ACM Transactions on Mathematics and Software, 1990, 16(1): 1–17.

[40] Har-Peled S, Indyk P, Motwani R. Approximate nearest neighbor: Towards removing the curse of dimensionality [J]. Theory of Computing, 2012, 8(1): 321–350.

[41] Ji J, Li J, Yan S, et al. Super-bit locality-sensitive hashing [C]. Advances in Neural Information Processing Systems (NIPS), 2012.

第 6 章　最优引领森林上的非迭代式标签传播

6.1　引　　言

人工标记数据一般是费时费力的，因而代价昂贵。而在大数据时代，未标记数据则被巨量地采样或者生成出来。这就是为什么半监督学习一直持续地吸引机器学习领域的研究兴趣。在各种各样的半监督学习模型流派中，基于图的半监督学习（graph-based SSL, GSSL）易于理解，且容易通过探究矩阵运算的性质提高学习性能。因此，在这个方向上已经产生了很多具有代表性的成果，如文献 [1–3] 等。

但是，现有的 GSSL 有两点明显的局限性。其一是这些模型通常需要以迭代方式求解一个最优化问题；或者该最优化问题具有闭式的解，但通常又包含矩阵求逆等高复杂性的计算。两种情形下模型的运行效率都较低。其二是这些模型在为新到数据求标签时通常比较困难，因为之前的数据标签仅针对已经构建的图计算得到。随着新数据到来，必然会产生新的图，因此整个迭代优化过程又需要再运行一遍。

这些问题的症结可能在于：这些模型以对等关系处理相邻点。由于每个点都被视为有相同的重要性，所有这些 GSSL 模型就尝试针对每一个数据点进行目标函数优化。但是，这种"对等"关系在大多数的实际情况中是有问题的。例如，如果一个数据点 x_c 位于它所属类别的中间地带，则它将会比更加偏离中心位置的另一个数据点 x_d 具有更强的表达能力，即使 x_c 和 x_d 处在相同的 K-NN 或者 ε-NN 邻域中。

主流的 GSSL 方法与谱聚类密切相关 [4]。正如 6.5.2 节中更详细地讨论的那样，谱聚类与粒计算 (GrC) 学术思想中的合理粒化原则 [5] 具有相同的核心概念。在各种具体的粒化方法 [6–8] 中，基于局部密度的最优粒化 (LoDOG)[8] 具有非迭代和高精度的优点，能够识别出任意形状的信息粒。正如谱聚类启发了几种 GSSL 方法一样，我们基于 LoDOG 开发了一种新的 GSSL 方法，称为最优引领森林上的标签传播 (label propagation on optimal leading forest) 方法，简记为 LaPOLeaF。图 6.1 显示了 LaPOLeaF 在现有相关研究工作背景下的位置。

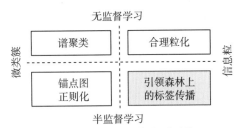

图 6.1   LaPOLeaF 源自遵循合理粒化原则的 LoDOG 粒化方法
就像锚图正则化 GSSL 方法源自谱聚类一样

本章以基于局部密度的最优粒化（LoDOG）方法作为出发点，提出一种非迭代式的标签传播算法。在 LoDOG 算法中，输入数据被组织成为最优数目的子树，每个非中心节点都被其父节点引领去加入父节点所属的微类簇。在文献 [9] 中，这些子树被称为引领树。LaPOLeaF 在森林中每一棵相对独立的子树上进行标签传播，而不是像传统方法那样在最近邻图上传播。

由于上述的算法特点，与其他的 GSSL 模型相比，LaPOLeaF 具有以下几点优势：① 传播在子树上进行，因此需要考虑的边要比最近邻图的边稀疏很多；② 这些子树每一棵都相对独立，因此当样本数量巨大时，大量的标签传播更易于并行化；③ LaPOLeaF 以非迭代的方式进行标签传播，因此非常高效。

总体来说，LaPOLeaF 算法的形式化描述非常简单，而且经验验证显示其准确性和效率非常具有竞争力。

本章余下的内容组织如下。6.2 节详细介绍 LaPOLeaF 模型。6.3 节讨论新增数据的快速学习。6.4 节描述将 LaPOLeaF 扩展到适用于大数据的方法。在 6.5 节分析 LaPOLeaF 的复杂性并且讨论它和其他一些模型的关系。6.6 节介绍了实验。作为本书的一个综合应用实例，在 6.7 节中介绍 LaPOLeaF 应用于重庆市开州区水质数据的预测。6.8 节作本章小结。

6.2   最优引领森林上的标签传播

LaPOLeaF 首先作全局优化以构建最优引领森林 (optimal leading forest, OLF)，然后在每一棵子树上进行标签传播。根据前面提到的偏序关系假设，子节点和父节点之间的关系用式 (6.1) 表示，LaPOLeaF 中每个阶段的标签传播都在该公式的指导下进行。

$$L_p = \frac{\sum_i W_i \cdot L_i}{\sum_i W_i}, \quad v - W_i = \text{pop}_i \cdot e^{-\text{dist}(i,p)} \tag{6.1}$$

式中，对于 K 分类问题，L_p 为父节点的标签向量；L_i 为针对当前父节点的第 i 个子节点的标签向量。第 k 个元素为 1 其他的元素都为 0 表示第 k 类的标签，$1 \leqslant k \leqslant K$。对于回归问题，$L_i$ 和 L_p 直接就是一个标量数值。有的时候子树中的节点是由某些粒化方法，如局部敏感哈希（local sensitive Hashing, LSH）[10,11] 等，获得的信息粒，所以用 pop_i 表示子树中胖节点 x_i 包含的原始数据点数目。如果在引领树构建之前没有粒化操作，则所有的 pop_i 都赋值为常数 1。

在 OLF 构建完毕之后，LaPOLeaF 的标签传播过程包含三个阶段，即从子点节到父节点（from child to parent, C2P）、从根节点到根节点（from root to root, R2R），以及从父节点到子节点（from parent to child, P2C）。这三个阶段的思想可用图 6.2 概要表示。

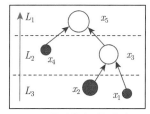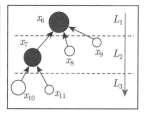

(a) 从子节点到父节点   (b) 从根节点到根节点   (c) 从父节点到子节点

图 6.2   最优引领森林上的非迭代标签传播图示

(a) x_3 获得等于 L_2 与 L_1 加权和的标签，x_5 的标签也通过级联方式类似地计算得到。(b) r_1 是一棵未标记子树（稍后定义）的根。这种情形下，我们只好从 r_2 借一个标签给 r_1。如果 r_2 同样也未标记，则这个"借"的操作将传递性地往下执行（详见 6.2.1 节）。(c) 经过前面两个阶段，所有子树的根都保证获得了标签。然后在式 (6.1) 的指导下，所有未标记的子节点将会以自顶向下的方式获得标签

为了求得子引领树中每个节点的层次编号，可以设计一个树的层次遍历算法（算法 6.1），在遍历的时候就为每个节点指定层次编号。对于每个节点，基本操作是进队列和出队列。所以，算法 6.1 的时间复杂性是 $O(n)$。

6.2.1 LaPOLeaF 标签传播的三阶段分析

1. 从子节点到父节点（C2P）

为了方便叙述，首先给出两对定义。

定义 6.1 已标记节点和未标记节点   如果 OLF 中子树的一个节点 x_i 的标签向量 $\boldsymbol{L}_i$ 是一个零向量，则称 x_i 为一个未标记节点，或者说 x_i 是未

算法 6.1: 确定树中节点的层次编号

Input: 树 T 的根, 树的邻接表数据结构 AL。

Output: 节点的层次编号数组 $LayerInd[n]$。

1 初始化一个空队列 $theQue$;

2 EnQue($theQue, T$);

3 $LayerInd[T]=1$;

4 **while** !IsEmpty($theQue$) **do**

5 $\quad$ $QueHead$=DeQue(theQue);

6 $\quad$ **if** $AL[QueHead]$!=NULL **then**

7 $\quad\quad$ EnQue($AL[QueHead]$);

8 $\quad\quad$ $LayerInd[AL[QueHead]]= LayerInd[QueHead]+1$;

9 **Return** $LayerInd[]$;

标记的。否则, $\boldsymbol{L}_i$ 中至少有一个元素大于 0, 此时称 x_i 是一个已标记节点, 或者说 x_i 是已标记的。

定义 6.2 已标记子树和未标记子树 如果一棵子引领树 LT_i 中的每个节点都是未标记节点, 则称 LT_i 是一棵未标记子树, 或者说 LT_i 是未标记的。否则, LT_i 中至少有一个节点是已标记节点, 此时称 LT_i 是一棵已标记子树, 或者说 LT_i 是已标记的。

既然把父节点的标签看作是子节点标签的贡献, 那么标签传播的过程就要求从每棵子树的底层开始, 自底向上传播。未标记的子节点的标签向量初始化为零向量 $\boldsymbol{0}$, 因此它对于父节点的标签没有贡献。一旦每个节点的层次编号已经确定, 这个自底向上的传播过程就可以以并行的方式在每一棵已标记子树上执行。

定理 6.1 经过 C2P 传播, 一棵已标记子树的根节点必然是已标记的。

证明 根据已标记节点和已标记子树的定义, 以及 C2P 传播的执行过程, 在每一轮从子节点到父节点的传播中, 只要有一个子节点是已标记的, 则该父节点就是已标记的。整个传播过程沿着自底向上的方向, 顺序地在相邻两层之间执行, 并且根节点是顶层的父节点。因此, 本定理显然成立。

2. 从根节点到根节点（R2R）

如果已标记数据很少或者已标记数据在各个类别之间的分布不均匀，那么就会有一些子树是未标记的。在这种情况下，我们就必须从其他已标记子树"借用"标签信息。一棵子树根节点的标签比其他周围节点的要更稳定，所以未标记子树应该从已标记子树的根 r_l 借用标签到它的根 r_u。要使每一个 r_u 有确定的 r_l，需要为 r_l 的选择制定标准。这里，将该标准设为：r_l 是满足 $r_u < r_l$ 条件的最近根节点。形式化描述为

$$r_l(u) = \underset{r_i \in R_L}{\arg\min}\{\mathrm{dist}(r_u, r_i) | r_u < r_i\} \qquad (6.2)$$

式中，R_L 为 OLF 中所有已标记根节点的集合。

如果对于特定的 r_u，找不到满足条件的 r_l，则可以推断数据集 $\mathcal{X}$ 构建的整棵引领树的根 r_T 是未标记的。因此，要保证每一个未标记的根都能借到标签信息，只需要保证 r_T 是已标记的。

如果在 C2P 传播之后，r_T 是未标记的，考虑针对 r_T 也运用"标签借用"技术。但是因为不存在能够满足 $r_T < r_l$ 条件的 r_l，稍微修改式 (6.2)，为 r_T 定义一个可以借到标签的已标记根节点 r_l^T：

$$r_l^T = \underset{r_i \in R_L}{\arg\min}\{\mathrm{dist}(r_T, r_i)\} \qquad (6.3)$$

整个 R2R 传播过程按照中心潜力递增的顺序执行。

3. 从父节点到子节点（P2C）

经过前面两个阶段，所有子树的根节点都是已标记节点。在这个 P2C 传播中，标签以自顶向下的方式传播，也就是说，标签从顶层向底层顺序传播，该过程可以并行地在各棵独立的子树上执行。

考虑两种情况：① 对于父节点 x_p，全部 m 个子节点 x_i，$1 \leqslant i \leqslant m$，都是未标记节点。此时我们为每一个子节点赋值 $L_i = L_p$，因为这样可以满足式 (6.1) 而不管 W_i 的取值如何。② 对于父节点 x_p，不失一般性，假设其前面 m_l 个子节点是已标记的，其余 m_u 个是未标记的，$m = m_l + m_u$。这种情形下，生成一个虚拟父节点 $x_{p'}$ 来代替原先的 x_p 和 m_l 个已标记的子节点。运用式 (6.1)，有

$$L_p = \frac{\sum\limits_{i=1}^{m_l} W_i L_i + \sum\limits_{i=m_l+1}^{m_l+m_u} W_i L_i}{\sum\limits_{i=1}^{m} W_i} \tag{6.4}$$

$$L_p \sum_{i=1}^{m} W_i - \sum_{i=1}^{m_l} W_i L_i = \sum_{i=m_l+1}^{m_l+m_u} W_i L_i \tag{6.5}$$

两边都除以 $\sum\limits_{i=m_l+1}^{m_l+m_u} W_i$，可得

$$\frac{L_p \sum\limits_{i=1}^{m} W_i - \sum\limits_{i=1}^{m_l} W_i L_i}{\sum\limits_{i=m_l+1}^{m_l+m_u} W_i} = \frac{\sum\limits_{i=m_l+1}^{m_l+m_u} W_i L_i}{\sum\limits_{i=m_l+1}^{m_l+m_u} W_i} \tag{6.6}$$

令

$$L_{p'} = \frac{L_p \sum\limits_{i=1}^{m} W_i - \sum\limits_{i=1}^{m_l} W_i L_i}{\sum\limits_{i=m_l+1}^{m_l+m_u} W_i} \tag{6.7}$$

这样，剩余的 m_u 个未标记子节点就可以像第一种情况中那样，赋予标签 $L_{p'}$。虚拟父节点的概念如图 6.3所示。

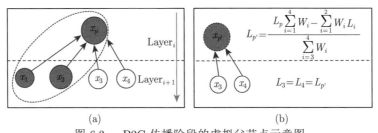

图 6.3　P2C 传播阶段的虚拟父节点示意图

(a) 父节点和 4 个子节点（前面 2 个是已标记的，后面 2 个是未标记的）。(b) 为了计算 x_3 和 x_4 的标签，父节点 x_p 和已标记的子节点（x_1 和 x_2）用一个虚拟父节点 $x_{p'}$ 来代替

6.2.2　LaPOLeaF 算法

整个 LaPOLeaF 过程描述为算法 6.2，其中还包含了 OLF 构建的基本步骤。

算法 6.2： LaPOLeaF 算法

Input: 数据集 $\mathcal{X} = \mathcal{X}_l \cup \mathcal{X}_u$。

Output: $\mathcal{X}_u$ 的标签。

// 第一部分：构建最优引领森林；

1 为数据集 $\mathcal{X}$ 计算距离矩阵 $Dist$；

2 计算局部密度 $\boldsymbol{\rho}$；

3 计算引领节点 $\boldsymbol{LN}$ 和 δ-距离 $\boldsymbol{\delta}$；

4 计算中心点潜力 (样本对于分布的代表性)$\boldsymbol{\gamma}$；

5 使用目标函数式 (5.1) 将整棵引领树拆分成 OLF，返回根节点集 R_T
  和每棵子树的节点集；

6 为每棵子树构建邻接表；

  // 第二部分：最优引领森林上的标签传播；

7 确定每个节点的层次指数 (算法 6.1);

8 使用式 (6.1) 自底向上传播标签；

9 使用式 (6.2) 和式 (6.3) 借根节点标签；

10 使用式 (6.7) 自顶向下传播标签；

11 **Return**$\mathcal{X}_u$ 的标签

为了帮助读者建立本章方法的直观印象，生成一个包含 600 个数据点的双月形数据集，每个月形 300 点，用以演示 LaPOLeaF 的各个主要阶段。在每个月形中随机选取 5 个数据点。第一步，使用算法 6.2 中第一部分描述的步骤构建信息粒数量 N_g^{opt} 为 40 的最优引领森林 [图 6.4(a)]。此处，LoDOG 的参数设置为：$\{percent = 0.7, \alpha = 0.5, H(x) = x\}$。每棵子树的根节点用黄色填充和红色边线标记。容易观察到 OLF 中出现的边要比其他基于最近邻的 GSSL 方法[2,12] 稀疏很多。

在 C2P 传播中 [图 6.4(b)]，首先将子树中的每个节点标上层次序号。此处，子树的最大高度为 14。在完成本阶段的自底向上标签传播之后，每棵已标记子树的根都获得了标签。并且，在从初始标记点（随机抽样的已标记点）到其所属子树的根的路径上，所有的其他节点也获得了标签。现在已标记节点的数量为 44。但是，在本阶段未标记子树保持不变。

图 6.4(c) 演示了在 R2R 传播阶段，每个未标记的根节点都向最近的密度更高的根节点"借"到了标签。绿色箭头表示了借标签的信息，箭头指向的是标签的拥有者。

　　P2C 传播可以完全并行地进行，因为此时 OLF 中的所有子树都是已标记子树，并且每棵子树中的标签传播完全独立于其他子树。使用 6.2.1节中讨论的虚拟父节点方法，所有未标记的非根节点全部获得了标签，如图 6.4(d) 所示。

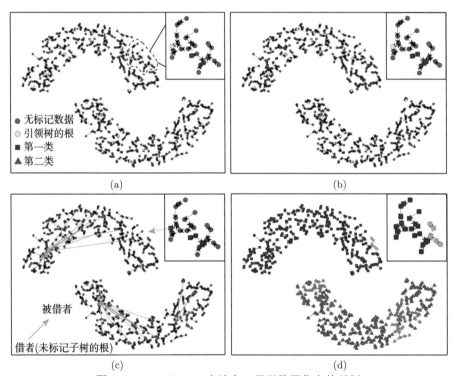

图 6.4　　LaPOLeaF 方法在双月形数据集上的示例

(a) 在数据集上构建了 OLF。(b) C2P 传播。(c) R2R 传播。绿色箭头标示出"借"标签操作中的借方（弧尾）和拥有者（弧头）。此阶段过后，所有根节点都会被标记。(d) P2C 传播。颜色饱和度反映了标签向量中最大元素值的大小。元素值越接近 1，饱和度越高

6.3　新增数据的快速学习

　　LaPOLeaF 的一个显著优势是它可以在 $O(n)$ 时间复杂性内获得一条新增数据的标签（将这个任务简记为 LXNew）。原因如下：①引领树结构通常可以在 $O(n)$ 时间复杂性内增量式更新[13]，并且 LoDOG 可以在 $O(n)$ 时间内找到最优信息粒数目 $N_g^{\text{opt}[8]}$，所以，最优引领森林 OLF 就可以在 $O(n)$ 时间内得到更新。② OLF 上的标签传播算法时间复杂性为 $O(n)$。

　　读者可以参阅第 4 章内容，该章详细描述了增量式更新一棵胖节点引领树的方法。同时，还证明了该增量式更新算法的正确性。

6.4 针对大数据的 LaPOLeaF

为了将 LaPOLeaF 扩展到大数据场景，我们提出两种方法：一种使用并行计算平台结合分治法策略获得精确解；另一种基于局部敏感哈希（LSH）获得近似解。

6.4.1 分治法与并行计算策略

使用分治法策略需要解决三个方面的问题：① 计算所需时间复杂性为 $O(N^2)$ 的距离矩阵。② 每个 ρ_i 和 δ_i 的计算都需要访问距离矩阵中的一行，因此计算所有数据的 ρ 和 δ 向量也需要 $O(N^2)$ 时间复杂性。③ 在 R2R 传播阶段，中心点之间的距离小矩阵应该提前准备好。因为单个计算机装不下大数据集的距离矩阵，所以不能像小数据情况那样，在距离矩阵中直接访问中心点的距离。除了这三个方面，LaPOLeaF 中的其他步骤都是 $O(N)$ 复杂性的，通常可以在单机上运行。

1. 距离矩阵的并行计算

距离矩阵给计算时间和存储空间都带来沉重的负担。例如，100000 条数据的距离矩阵，在每个距离值只用 4 字节的单精度浮点数据的情况下，就需要 37GB 的空间。

这里，作者提出一种大距离矩阵的分治思想精确计算方法，其基本思想如图 6.5 所示。

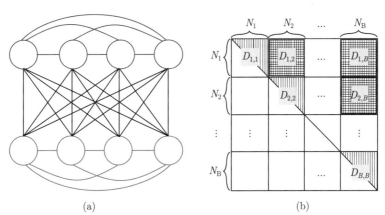

(a)   (b)

图 6.5 大距离矩阵分治思想计算方法

(a) 如果将整个数据集分成两个子集，则任意数据点对之间的距离可以通过三部分计算得到。前两部分分别对应于两个子图内部的全连接（曲线），第三部分对应一个完全二部图之间的全连接（黑色直线）。(b) 将子集的个数从 2 个扩展到 B 个。注意，尽管我们尽量平衡每个子集中的样本数量，但是这些 N_i 并不要求必须相等。因此，$D_{i,i}$ 一定是方阵，而满足 $i \neq j$ 的 $D_{i,j}$ 有可能不是方阵尽管计算距离矩阵的时间复杂性是 $O(N^2)$，但是积极的消息是主流的 CPU 厂商（如 Intel 和 AMD）及科学计算软件（如 Matlab 和 R）专门针对矩阵运算进行了加速设计。针对 l_2 范数（欧氏距离），以矩阵运算方式描述二部图之间的全连接距离计算如定理 6.2 所示，而不是逐对计算两点之间的距离。在 Matlab 2014a 环境下，对一个 1000 条 8 个属性的数据集而言，矩阵运算方式比逐对计算方式大约快 20 倍。

定理 6.2　对应于完全二部图全连接的欧氏距离矩阵是 $\widetilde{D}$ 的逐元素平方根。$\widetilde{D}$ 计算如下：

$$\widetilde{D} = P.^2 \times 1_{d \times n} + 1_{m \times d} \times Q.^2 - 2P \times Q^\top \tag{6.8}$$

式中，P 和 Q 分别为二部图的一个子集样本作为行向量构成的矩阵，规模分别为 $m \times d$ 和 $n \times d$；$\boldsymbol{P}.^2$ 为 $\boldsymbol{P}$ 的逐元素平方。

证明　考虑一个元素 $\widetilde{D}_{i,j}$，可以写出

$$\begin{aligned}
\widetilde{D}_{i,j} &= \sum_{k=1}^{d} p_{i,k}^2 + \sum_{k=1}^{d} q_{j,k}^2 - 2\sum_{k=1}^{d} p_{i,k} q_{j,k} \\
&= \sum_{k=1}^{d} (p_{i,k} - q_{j,k})^2
\end{aligned} \tag{6.9}$$

这样，本定理得证。

类似地，证明余弦距离矩阵可以如下求得

$$\text{Dist}^{\cos} = 1_{m \times n} - \frac{P \times Q^\top}{\text{sqrt}(P.^2 \times 1_{d \times d} \times Q^\top.^2)} \tag{6.10}$$

理想情况下，只要有足够多的计算机，那么任意规模数据集的距离矩阵都可以用这种方式计算出来。但是对于待处理的数据而言，如果计算机不够用，则可以转向第二种途径 LSH（6.4.2 节）。

2. 并行地计算 ρ、δ 和 nneigh 向量

由于局部密度 ρ_i 具有累加的特性，当整个距离矩阵被拆分成带状分开存储于不同的节点上时，整个向量 ρ 的计算可以在各个计算节点上完全并行。假设对 N 个样本有 B 个距离矩阵块，则有

$$\rho = \sum_{b=1}^{B} \rho_b = \sum_{b=1}^{B} [\rho_{b_1}, \cdots, \rho_{b_N}] \tag{6.11}$$

$$\rho_{b_i} = \sum_{j=1}^{N} \exp\left(-\left(\frac{D_b(i,j)}{d_c}\right)^2\right), \ i = 1,\cdots,N/k \tag{6.12}$$

式中，ρ_b 为在第 b 个距离矩阵块中计算得到的具有 N 个元素的局部密度向量；$D_b(i,j)$ 为第 b 个距离矩阵块中的第 i 行、第 j 列元素；d_c 为截断距离参数。

与单机上计算不同，单机上的 δ 在 ρ 向量排序的引导下进行。并行地计算每个 δ_i 必须访问整个 ρ 向量和数据点 i 到所有其他点的距离。矩阵是按顺序分块的，因此对所有的 $1 \leqslant j \leqslant N$，$\mathrm{dist}(i,j) = D_{\mathrm{floor}(i/\mathrm{bSize})+1}(\mathrm{mod}(i,\mathrm{bSize}),j)$，这里 $\mathrm{bSize} = N/B$。

3. 生成中心点的距离矩阵

R2R 传播阶段需要访问任意一对中心点（也就是每棵子树的根节点）之间的距离，记为 $\mathrm{dist}_{\mathrm{Centers}}$。如果距离矩阵存储在中心化的单个计算机中，$\mathrm{dist}_{\mathrm{Centers}}$ 可以从整个距离矩阵 D 中直接抽出来。但是，如果 D 保存在分布式系统中，它就会被拆分成 B 块，记为 $D_b, b = 1,\cdots,B$。每个 D_b 存放在不同的计算节点上，D_b 矩阵块存放的是下标范围为 D_b is $[(b-1)\times\mathrm{bSize}+1, b\times\mathrm{bSize}]$ 的样本到其他所有点的距离。除了最后一个矩阵块，通常有 $\mathrm{bSize} = N/B$。

因此，要从分布式存储的 D 中抽出 $\mathrm{dist}_{\mathrm{Centers}}$，首先需要将中心点按下标升序排序，然后中心点 i 和中心点 j 之间的距离可以这样得到

$$\mathrm{dist}_{\mathrm{Centers}}(i,j) = D_{\mathrm{floor}(i/\mathrm{bSize})+1}(\mathrm{mod}(i,\mathrm{bSize}),j) \tag{6.13}$$

并且，每个矩阵块只需要访问一次就可以生成 $\mathrm{dist}_{\mathrm{Centers}}$。

6.4.2 使用 LSH 的近似计算方法

如前文所述，如果对于给定的大数据集没有足够的计算机运行精确的 LaPOLeaF，那么使用 LSH[10,11,14] 把一些相距很近的数据点装入同一个哈希桶中不失为一个合理的选择。LSH 的基本思想是让处于最近邻域中的数据点以很高的概率获得相同的哈希码，即互相发生冲突，而相距很远的点几乎不发生冲突。

对于不同的距离度量，需要不同的哈希函数。对于 l_2 范数，哈希函数为 [10]

$$h_{\boldsymbol{a},b}(\boldsymbol{v}) = \left\lfloor \frac{\boldsymbol{a} \cdot \boldsymbol{v} + b}{r} \right\rfloor \tag{6.14}$$

式中，a 为随机向量；b 为在 $(0, r]$ 区间上均匀分布的随机实数。对于角度相似性（余弦距离），哈希函数可以是 [14]

$$h_v(\boldsymbol{x}) = \mathrm{sgn}(\boldsymbol{v}^\top \boldsymbol{x}) \tag{6.15}$$

式中，$\boldsymbol{v}$ 为随机向量；$\mathrm{sng}(\bullet)$ 为符号函数。

　　Ji 通过把随机向量进行分组并进行 Gram-Schmidt 正交化，提出称为"超比特"的表示单元改进了文献 [14] 中的近似近邻查询性能。

　　在原始数据集上运行 LSH 算法之后，样本会被分配到很多具有特定哈希编码（通常是一个向量）的哈希桶中。每个哈希桶中的数据就被 LaPOLeaF 当成是一个胖节点，第 i 个桶中数据点的数量就是式 (6.1) 中的 pop_i。

6.5　分析与讨论

6.5.1　复杂性分析

　　通过认真分析算法 6.2中的每一步，可以看出除了计算距离矩阵和向量 $\{\rho, \delta\}$ 需要 $O(N^2)$ 时间复杂性外，LaPOLeaF 中其他所有步骤的复杂性都线性于 $\mathscr{X}$ 的规模。与局部全局一致性学习（learning with local and global consistency, LLGC）[12]、可传播性学习框架（framework of learning by propagability, FLP）[2]、锚点图正则化（anchor graph regulation, AGR）[1]、层次锚点图正则化（hierarchical anchor graph regulation, HAGR）[3]、最大相关熵准则鲁棒 GSSL 模型（robust graph-based semisupervised learning via maximum correntropy criterion, RGSSL-MCC）[15]、基于共识率的标签传播（consensus rate-based label propagation, CRLP）[16] 等方法相比，LaPOLeaF 更加高效，如表 6.1 所列。表 6.1 中，n 为数据集 $\mathscr{X}$ 的规模；T 为迭代次数；K 为类别数；m_h 为 HAGR 中第 h 层上的数据点数目。

　　注意，虽然我们在表中列出矩阵求逆的复杂性为 $O(n^3)$，但这是最为直接的方法，实际上矩阵求逆的复杂性已经被降到 $O(n^{2.373})$ [17,18]。

　　同时，还应该比较 LXNew 任务的效率。对于 LaPOLeaF，LXNew 所需的时间复杂性仅仅是线性于现存 OLF 的规模。而对于传统的 GSSL 方法来说，LXNew 需要的时间和重新进行一遍全部 $\mathscr{X}_u$ 的标签学习所需时间是一样长的。

表 6.1   时间复杂性比较

方法	构建图	标签传播
LLGC [12]	$O(n^2)$	$O(n^3)$
FLP [2]	$O(n^2)$	$O(T_1 K n^2 + T_2 K^2 n^2)$
AGR [1]	$O(Tmn)$	$O(m^2 n + m^3)$
HAGR [3]	$O(Tm_h n)$	$O(m_h^2 n + m_h^3)$
RGSSL-MCC [15]	$O(n^2)$	$O(Tn^3)$
CRLP [16]	$O(Brn^{3/2} dT)$	$O(n^2)$
LaPOLeaF	$O(n^2)$	$\boldsymbol{O(n)}$

6.5.2   与其他方法的关系讨论

LaPOLeaF 中的标签传播是一种启发式算法，缺乏一个严格定义的优化目标。因此，在这个阶段中没有得到最佳解的数学保证。但是，我们认为，优化过程已经被提前到最优引领森林构建阶段。既然我们已经得到整个数据集的最优偏序结构，那么，把所有数据点看作处于平等关系中的迭代优化过程就不再必需。这是 LaPOLeaF 和其他 GSSL 的显著区别。

同时，LaPOLeaF 可以看作是 K-NN 算法的改进版。K-NN 中，K 个相距最近的数据点构成一个球形信息粒，然后，未标记数据通过一种投票的方式获得标签。参数 K 由用户选择，并且分类结果常常对 K 很敏感。与之不同，在 LaPOLeaF 中，信息粒是任意形状的引领树，并且每棵树的大小是由数据和算法共同自动确定的，通常这些树的大小并不相同。由于 OLF 更能够真实地捕捉到数据分布的特征，加上标签传播机制设计合理，因此 LaPOLeaF 总是比 K-NN 效果要好。

6.6   实验及结果分析

6.6.1   实验环境与数据集

LaPOLeaF 方法的效率和有效性在 5 个真实数据集上进行验证，这些数据集中 3 个来自 UCI 数据仓库的小规模数据集，另外两个规模较大。数据集的相关信息如表 6.2 所示。3 个小数据集用于展示 LaPOLeaF 的有效性，其他 4 个分类的数据集用于展示 LaPOLeaF 使用块矩阵技术及 LSH 的可扩展性和效率。两个水质数据集用于展示 LaPOLeaF 预测时间序列的能力。

实验在配备两颗 Intel Xeon Silver 4110 CPU、16 GB DDR4 内存和 NVIDIA Quadro P2000 GPU 的 Dell P7920 工作站上进行。Python 和 Matlab 的实验代码可在 https://github.com/alanxuji/LaPOLeaF 获得。

表 6.2   实验中采用的数据集信息

数据集	样本数	维数	类别数	实验目的				
				有效性	效率	扩展性	可解释	样本外
Iris	150	4	3	√	√			
Wine	178	13	3	√	√			
Yeast	1484	8	8	√	√			
MNIST	70000	784	10	√	√	√	√	
Activity	43930257	9	6	√	√	√		
ImageNct_1	2481	4096	5	√	√		√	
ImageNet_2	2668	4096	5	√	√		√	
Water(HP)	28065	{5, 12}	regression	√	√			√
Water(DO)	28065	{5, 12}	regression	√	√			√

6.6.2   实验结果与分析

1. UCI 小数据集

针对这 3 个小规模 UCI 数据集, 即 Iris、Wine 和 Yeast 数据集, 实验结果显示 LaPOLeaF 在高效很多的情况下, 获得了比经典半监督学习方法更具竞争力的准确性。参与比较的半监督学习算法有线性判别分析 (linear discriminant analysis, LDA) [19]、邻域组件分析 (neighborhood component analysis, NCA) [20]、半监督判别分析 (semi-supervised discriminant analysis, SDA) [21] 以及可传播性学习框架 (FLP) [2]。所有实验的参数配置和一些其他细节, 如选用的预处理方法和距离度量在表 6.3中列出。

表 6.3   模型参数与实验设置

Dataset	模型参数		实验设置			
	percent	α	N_g^*	$|\mathcal{X}_l|$	预处理	距离度量
Iris	2	0.25	8	6	Z-score	Euclidean
Wine	2	0.4	8	6	Z-score	Euclidean
Yeast	5	0.1	7	16	Z-score	Cosine
MNIST	10	0.3	405	100	none	Euclidean
Activity	10	0.3	6	600	see Fig. 6.7	Cosine
ImageNet_{1,2}	3	0.4	66	{250, 750, 1250}	Caffe feature	Euclidean
Water({HP,DO})	5	0.5	–	10000	folding	Cosine

LaPOLeaF 和其他对比模型在 3 个小数据集上的准确性在表 6.4中列出, 可以看出 LaPOLeaF 在这 3 个小数据集上获得了两次最高准确性。在 FLP 表现最佳的 Iris 数据集上, LaPOLeaF 也获得了有竞争力的准确性。

表 6.4 在 3 个小数据集上的准确性比较

方法	Iris	Wine	Yeast
LDA	66.91±25.29	62.05±12.67	19.00±8.70
NCA	92.28±3.24	83.10±9.70	32.76±6.32
SDA	89.41 ±5.40	90.89±5.39	37.00±6.89
FLP	**93.45±3.09**	93.13±3.32	40.03±5.40
LaPOLeaF	92.40±0.69	**94.77±1.66**	**42.28±2.36**

本书提出 LaPOLeaF 方法的目的不是要提高 GSSL 的准确性，而是要通过摆脱迭代优化以得到最小的目标函数值这一 GSSL 的实现范式，从而大幅度提高学习效率。LaPOLeaF 在实验中表现出了非常高的效率，如在前文提到的个人计算机上，LaPOLeaF 仅用 0.27s 就完成了 Iris 数据集的全部半监督学习过程。

2. MNIST 数据集

MNIST 数据集包含 70000 张手写体数字图像，对于 '0'～'9' 大约每个数字有 7000 张，但并不严格等于 7000 张。为了强调 LaPOLeaF 本身的有效性，我们直接使用每个像素点的灰度信息作为学习特征，就像文献 [22] 中一样。因为距离矩阵过大（但又不是特别大），采用 6.4.1节中描述的分治法策略进行 LaPOLeaF 学习。将整个数据集 $\mathcal{X}$ 等分为 7 个子集，因此每个分块距离矩阵的规格为 10000×70000。

在分块矩阵 D_b 和向量组 $\{\rho, \delta, nneigh\}$ 计算完毕后，$\mathcal{X}$ 的 OLF 可以通过在单机上运行 LoDOG 算法构建。MNIST 和 Activity 两个数据集实验的参数和一些中间结果在表 6.3 的最后两行列出。MNIST 数据选择 N_g^{opt} 的目标函数值曲线如图 6.6 所示。

为每个数字随机抽取 10 条作为已标记样本，LaPOLeaF 获得的半监督分类准确性与研究前沿成果 HAGR [22] 的对比情况如表 6.5 所示。

表 6.5 HAGR 和 LaPOLeaF 在 MNIST 数据上的准确性比较

方法	HAGR$_{base}$	HAGR	LaPOLeaF
准确率/%	79.17±1.39	**88.66±1.23**	84.92±2.35

可以看到，LaPOLeaF 在 MNIST 数据上也取得了具有竞争力的准确率。然而，LaPOLeaF 的优势在于它的效率。LaPOLeaF 在单台个人计算机上完成整个学习过程（包括 OLF 构建和标签传播的三个阶段）仅用 48 分钟，Spark 集群上仅用不到 3 分钟。单机上每个阶段的运行时间见表 6.6。

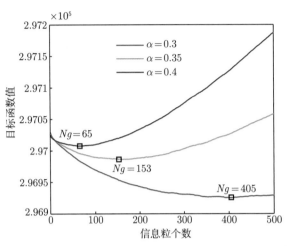

图 6.6 MNIST 数据集上运行 LoDOG 方法时目标函数值随信息粒个数变化的情况

表 6.6 MNIST 数据集上每个阶段的运行时间

阶段	D_b	ρ	δ	LoDOG	LP$^\$$
时间/s	952	1483	436	15	3

$: LP 此处是标签传播的缩写。

3. Activity 数据集

Activity 数据集来自人类活动识别领域[23]。它包含的数据采集自智能手机和智能手表内置的加速计和陀螺仪。因为有多种型号的手机和手表,数据的采样频率和精确度不同,所以采集到的数据是异质数据。数据集包含 43930257 条记录,每条记录有 16 个属性。

1) 预处理

由于原始数据被拆分成 4 个逗号分隔（.csv）文件,首先使用如图 6.7所示的预处理过程。

图 6.7 Activity 数据预处理流程图

(1) 四个.csv 文件中的记录被对齐和合并成为一个文件。使用参加测试者 ID 和设备 ID 对齐来自不同文件的记录,采样频率之间的差异通过插值来处理。

(2) 已经有报告,经验累积分布函数（empirical cumulative distribution function, ECDF）在人类活动识别任务中超过了 FFT 和 PCA 特征[24]。因此从原始数据计算 ECDF 特征,以便用于将来的学习。根据惯例,每帧的时间

长度设置为 1s，重叠率设置为 50%。这些数据的主要采样频率是 200，所以每一帧中就包含近 200 条记录用于计算 ECDF 特征，并且计算出一行特征之后向前移动 100 条记录。在此种方式下，活动识别的时间粒度是 0.5s。ECDF 的计算中，片段数设置为 5，所以特征的维度为 16×5=80。使用 ECDF 特征将 Activity 数据规模降低为 439302 行（约等于原始数据的 1%）。

(3) 使用最大最小规范化方法对每一列数据进行规范化。

(4) 由于样本数和特征数都十分巨大，使用 LSH 方法（具体地，SB-LSH方法[11]）同时解决"大样本"和"长特征"两个问题。使用 SB-LSH 方法时，设置超比特深度为 5，超比特长度为 6。LSH 通过把冲突的样本放进同一个哈希桶，进一步降低了数据的行数。例如，对于参加测试者 a 和智能手机模型 Nexus4_1，LSH 结果包含 771 个哈希桶，与之前的 ECDF 特征行数 3237 相比，大约只有原来的 23.8%。在 OLF 构建过程中，每个哈希桶中包含样本的数目当作权重参加向量 ρ 的计算。

2) LaPOLeaF 方法学习 Activity 数据

经过预处理阶段，Activity 数据被转换成为 84218 行属性数为 6 的类别数据。每一行中的数据是一系列哈希桶编号，每一行的权重是具有相同哈希桶编号的 ECDF 特征的条数。距离矩阵的计算基于哈希桶中的 ECDF 特征而不是哈希码本身，使用余弦相似性作为距离度量。计算 OLF 时的参数设置为 ($\alpha = 0.3, \text{percent} = 8, H(x) = 0.2x$)，得到 OLF 中子树的棵数为 347。

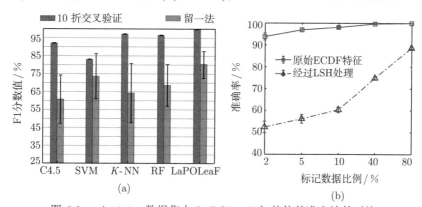

图 6.8　　Activity 数据集上 LaPOLeaF 与其他基准方法的对比
(a) LaPOLeaF 的结果与四个经典分类器的结果相比。对于 K-NN 分类器，$K = 5$。(b) LaPOLeaF 带状矩阵方法和 LSH 方法实现的准确率。对于 LSH 版本，参数"超 bit 深度"和"超 bit 个数"分别设置为 5 和 6

针对已经构建完成的 OLF，以随机抽样的 120（每类 20）条已标记 ECDF 特征作为已标记数据 $\mathscr{X}_l$，然后依次运行 C2P、R2R 和 P2C 传播过程。最后

LaPOLeaF 获得的半监督分类准确率 (%) 是 94.04±1.61。在 Activity 数据集上 LaPOLeaF 与其他基准方法的对比如图 6.8 所示。

6.6.3   ImageNet2012 数据子集

数据子集 ImageNet2012_1 和 ImageNet2012_2 的详细信息在表 6.7中列出。

表 6.7   ImageNet2012 数据子集的详细信息

数据	文件夹	类别标签	样本数
	n01440764	tench	454
	n01484850	great white shark	530
ImageNet2012_1	n02096177	cairn terrier	480
	n03450230	gown	489
	n07932039	eggnog	528
	n02018207	marsh hen	542
	n02017213	European gallinule	489
ImageNet2012_2	n02013706	limpkin	674
	n02007558	flamingo	488
	n02051845	pelican	475

注：ImageNet_1 用于较粗粒度的分类，ImageNet_2 用作细粒度分类。

先根据 "ILSVRC2012_bbox_train_v2" 文件夹中的 XML 文件信息裁剪图片，然后使用 Caffe[25] 提取名为 "fc7" 的特征。在我们的工作站上，整个特征提取过程可以在 55s 内完成。ImageNet2012_1 和 ImageNet2012_2 被处理成 2481×4096 和 2668×4096 的矩阵，每一行是一张图片的特征。针对这些图片数据，LaPOLeaF 的学习过程非常高效，时间花销如表 6.8所示。

表 6.8   在 ImageNet2012_{1,2} 上 LaPOLeaF 各阶段的时间花销 (单位：s)

数据	特征提取	距离矩阵	OLeaF	标签传播
ImageNet2012_1	53	2.27	1.73	0.18 ± 0.02
ImageNet2012_2	55	2.05	2.06	0.17 ± 0.03

ImageNet2012 子集与 RGSSL-MCC[15] 准确率比较，比较的是类别标签没有噪声且标记比率分别为 10%、30% 和 50% 的情况。因为 LaPOLeaF 属于直推式的学习，因此仅比较 RGSSL-MCC 中直推式的结果。表 6.9 显示了在 ImageNet2012_{1,2} 上 LaPOLeaF 获得了有竞争力的性能。

除了准确率和效率，LaPOLeaF 还能够揭示类中细微的差异演化和细粒度的相似性（图 6.9）。因此，作为一种新的 GSSL，LaPOLeaF 具有很好的可解释性。

表 6.9   数据集 ImageNet2012__{1,2} 上的准确性对比

	标记样本比率/%		
	10	30	50
RGSSL-MCC	63 ± 2.8	71.5 ± 1.2	74 ± 0.8
LaPOLeaF$_2$	78.3 ± 1.63	84.9 ± 0.67	89.3 ± 0.58
LaPOLeaF$_1$	92.6 ± 0.76	95.4 ± 0.88	97.5 ± 0.29

注：LaPOLeaF$_1$ 和 LaPOLeaF$_2$ 是 LaPOLeaF 分别在 ImageNet_1 和 ImageNet_2 上的准确率。

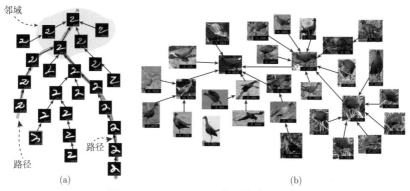

图 6.9   LaPOLeaF 发现的内部结构
(a) 从 MNIST 构建的一棵子树样例，其中原子树形式的邻域显示出细粒度相似性，路径揭示了差异演化。注意在这棵引领树中，有一个 '3' 被误分成了 '2'，但是看了它和其父节点之间的相似性，就能理解为什么会发生这种误分。(b) 一棵来自 ImageNet_2 数据集的子树，其中也可以观察到邻域和路径，但未显式标出。图片的名称中，@ 表示 "n02017213" 并忽略扩展名 ".JPEG"

6.7 LaPOLeaF 在水质预测中的应用

在"三峡库区水生态环境感知系统及平台业务化运行"项目中，水质指标的监测和预测是一项重要的功能需求。这里，我们将 LaPOLeaF 算法应用到水质指标的预测中，并将其与前沿的预测算法最小二乘支持向量回归（least square support vector for regression，LSSVR）从训练效率和准确性两个方面进行比较。LSSVR 方法是目前时间序列预测中精确性较高的一种方法，它通过求解一组线性方程组完成训练，再将学习到的参数代入方程求得回归结果。由于篇幅问题，此处不再详述有关 LSSVR 的相关知识，感兴趣的读者可以参考文献 [26]。LSSVR 已经在生态环境领域获得广泛应用 [27, 28]。

实验数据来自重庆开县（现开州区）2014 年 3 月 29 日至 11 月 21 日的水质监测指标，监测频率为约每 15min 一次，总计监测记录 28605 条。选用其中两个较为重要，且容易理解的指标：pH 和溶解氧（dissolved oxygen，DO）进行预测。pH 不但影响水生生物的生长，也能够指示环境污染或者其

他环境条件的改变[①]。正常情况下水中的 DO 会由于空气里氧气的溶入及绿
色水生植物的光合作用而得到不断补充。但当水体受到有机物污染时，耗氧
严重，DO 得不到及时补充，水体中的厌氧菌就会很快繁殖，有机物因腐败
而使水体变黑、发臭。因此，DO 值是水自净能力的一个指标。

水质指标是一种典型的时间序列数据，先将 pH 和 DO 值都按照维度为
6 和 13 "折叠" 成观测样本，前面的观测值作为观测属性 x，最后一个观测值
作为决策属性（响应变量）y。这样，依次可得到 4 个数据集，分别命名为
pH-5Attr、pH-12Attr、DO-5Attr、DO-12Attr。使用前 10000 条记录作为训
练集，接下来的 1000 条作为测试集检验预测的精度，并且可视化真实值和
预测值之间的差异。

LaPOLeaF 和 LSSVR 中使用的参数配置如表 6.10 所示。获得的预测值
和真实值的比较如图 6.10 所示。两种模型的训练时间和最终的预测精确度
（采用和方差 SSE 指标）比较如表 6.11 所示。

表 6.10　　LaPOLeaF 和 LSSVR 中使用的参数配置

LSSVR			LaPOLeaF		
γ	λ	p	percent	α	$H(x)$
0.5	5	3	5	0.5	$0.1x$

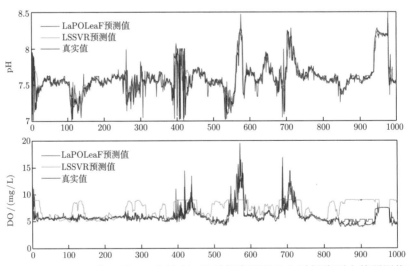

图 6.10　　LaPOLeaF 和 LSSVR 方法在 pH 时间序列和 DO 时间序列上的预测值和真
实值比较情况

---

① https://water.usgs.gov/edu/ph.html.

表 6.11   LaPOLeaF 和 LSSVR 的训练时间与预测精度

算法	和方差			
	pH-5Attr	pH-12Attr	DO-5Attr	DO-12Attr
LSSVR	**13.76**	**13.59**	3168.9	5827.2
LaPOLeaF	21.70	21.06	**1166.6**	**1213.0**
算法	训练时间/s			
	pH-5Attr	pH-12Attr	DO-5Attr	DO-12Attr
LSSVR	31.75	32.85	46.37	57.25
LaPOLeaF	**21.91**	**21.63**	**20.94**	**21.12**

从以上结果可以看出，与 LSSVR 相比，LaPOLeaF 训练时间短，能够较好地预测不同波动程度的时间序列数据，因而是一种有效的回归分析和预测方法。在针对 pH 和 DO 两个水质指标的预测中，LSSVR 和 LaPOLeaF 两种方法都在前者上取得较好的预测精度，其中 LSSVR 比 LaPOLeaF 更好一些。但是不管从直观感觉还是数值量化指标上，LaPOLeaF 的 pH 预测值都具有可接受的准确度。在 DO 值的预测上，LSSVR 表现出不稳定的准确性，不管是量化评价，还是从图 6.10，都可以看出 LSSVR 的预测值并没有很好地保持和真实数据的一致。而 LaPOLeaF 在该数据集上，仍然保持与在 pH 上相似的准确性。

出现这种结果的原因是两种方法的学术思想不同。LSSVR 的工作原理是将支持向量拟合在一张超平面上，对于以后的测试数据依据其在该超平面上的空间位置，迅速计算出其对应的函数值。如果该超平面不能正确刻画所给数据集的真实分布时，LSSVR 必然会出现较大的误差。LaPOLeaF 基于近邻查询的思想，只要训练数据涵盖了新到数据的大多数情况，则该方法就能获取较为稳定的高准确性。虽然 LSSVR 的训练效率较低，但是它的预测效率要稍高于 LaPOLeaF。因为 LaPOLeaF 在预测时，需要针对新到数据点以 $O(N)$ 复杂性更新 OLF，N 为训练集大小。例如，在使用 pH-12Attr 预测一条 pH 时，LSSVR 仅需要 8ms 的时间，LaPOLeaF 需要 30ms。这样的计算时间是完全能够满足应用需求的。

6.8   本章小结

现存的图半监督学习方法有两处弱点：一是由迭代优化过程带来的低效性；二是新到样本预测标签的不方便性。本章首先提出一个合理假设：相邻数据并不是处于平等的地位，而是存在于一种偏序关系当中；并且假设中心节点的标签是"追随者"做出的贡献。基于这一假设和前面的研究成果 LoDOG，提出一种新颖的非迭代半监督学习方法 LaPOLeaF。LaPOLeaF 展现了两点显著的优势：① 与研究前沿的方法相比，它在保证相当准确性的前提下，具有高出其他方法很多的时间效率。② 它可以在 $O(N)$ 时间复杂性为一小部分新到的数据提交分类标签（N 为现存 OLF 中的节点数）。为了使 LaPOLeaF 适用于大数据，我们提出精确的分治法策略和基于 LSH 的近似计算策略。理论分析和经验验证都显示了 LaPOLeaF 的高效性和有效性。我们计划从两个方向扩展 LaPOLeaF：第一是将它应用到具有严格时间约束的现实世界大数据挖掘场合；第二是在保证其高效性的前提下，反过来进一步提高它的准确性。

参 考 文 献

[1] Liu W, He J, Chang S F. Large graph construction for scalable semi-supervised learning [C]. Proceedings of the 27th international conference on machine learning (ICML-10), 2010.

[2] Ni B, Yan S, Kassim A. Learning a propagable graph for semisupervised learning: Classification and regression [J]. IEEE Transactions on Knowledge and Data Engineering, 2012, 24(1): 114–126.

[3] Wang M, Fu W, Hao S, et al. Learning on big graph: Label inference and regularization with anchor hierarchy [J]. IEEE Transactions on Knowledge and Data Engineering, 2017, 29(5): 1101–1114.

[4] von Luxburg U. A tutorial on spectral clustering [J]. Statistics and Computing, 2007, 17(4): 395–416.

[5] Pedrycz W, Homenda W. Building the fundamentals of granular computing: A principle of justifiable granularity [J]. Applied Soft Computing, 2013, 13(10): 4209–4218.

[6] Pedrycz W, Succi G, Sillitti A, et al. Data description: A general framework of information granules [J]. Knowledge-Based Systems, 2015, 80: 98–108.

[7] Zhu X, Pedrycz W, Li Z. Granular data description: Designing ellipsoidal information granules [J]. IEEE Transactions on Cybernetics, 2016, 47(12): 4475–4484.

[8] Xu J, Wang G, Li T, et al. Local density-based optimal granulation and manifold information granule description [J]. IEEE Transactions on Cybernetics, 2018, 48(10): 2795–2808.

[9] Xu J, Wang G, Deng W. DenPEHC: Density peak based efficient hierarchical clustering [J]. Information Sciences, 2016, 373: 200–218.

[10] Datar M, Immorlica N, Indyk P, et al. Locality-sensitive hashing scheme based on p-stable distributions [C]. Proceedings of the Twentieth Annual Symposium on Computational Geometry, ACM, 2004.

[11] Ji J, Li J, Yan S, et al. Super-bit locality-sensitive hashing [C]. Advances in Neural Information Processing Systems (NIPS), 2012.

[12] Zhou D, Bousquet O, Lal T N, et al. Learning with local and global consistency [C]. Advances in Neural Information Processing Systems, 2004.

[13] Xu J, Wang G, Li T, et al. Fat node leading tree for data stream clustering with density peaks [J]. Knowledge-Based Systems, 2017, 120: 99–117.

[14] Charikar M S. Similarity estimation techniques from rounding algorithms [C]. Proceedings of the 34th Annual ACM Symposium on Theory of Computing, ACM, 2002.

[15] Du B, Tang X, Wang Z, et al. Robust graph-based semisupervised learning for noisy labeled data via maximum correntropy criterion [J]. IEEE Transactions on Cybernetics, 2019, 49(4): 1440–1453.

[16] Yu J, Kim S B. Consensus rate-based label propagation for semi-supervised classification [J]. Information Sciences, 2018, 465: 265–284.

[17] Cormen T H, Leiserson C E, Rivest R L, et al. Introduction to Algorithms, Third Edition [M]. Cambridge: MIT Press, 2009.

[18] Williams V V. Breaking the coppersmith-winograd barrier [R]. UC Berkeley and Stanford University, 2011.

[19] Belhumeur P N, Hespanha J P, Kriegman D J. Eigenfaces vs. fisherfaces: Recognition using class specific linear projection [J]. IEEE Transactions on Pattern Analysis and Machine Intelligence, 1997, 19(7): 711–720.

[20] Goldberger J, Roweis S, Hinton G, et al. Neighborhood component analysis [J]. Advances in Neural Information Processing Systems, 2004: 513–520.

[21] Cai D, He X, Han J. Semi-supervised discriminant analysis [C]. 2007 IEEE 11th International Conference on Computer Vision, 2007.

[22] Wang M, Fu W, Hao S, et al. Learning on big graph: Label inference and regularization with anchor hierarchy [J]. IEEE Transactions on Knowledge and Data Engineering, 2017, 29(5): 1101–1114.

[23] Stisen A, Blunck H, Bhattacharya S, et al. Smart devices are different: Assessing and mitigatingmobile sensing heterogeneities for activity recognition [C]. Proceedings of the 13th ACM Conference on Embedded Networked Sensor Systems, ACM, 2015.

[24] Hammerla N Y, Kirkham R, Andras P, et al. On preserving statistical characteristics of accelerometry data using their empirical cumulative distribution [C].

Proceedings of the 2013 International Symposium on Wearable Computers, ACM, 2013.

[25] Jia Y, Shelhamer E, Donahue J, et al. Caffe: Convolutional architecture for fast feature embedding [C]. Proceedings of the 22nd ACM international conference on Multimedia, ACM, 2014.

[26] Suykens J A K, Gestel T V, Brabanter J D, et al. Least Squares Support Vector Machines [M]. Singapore: World Scientific, 2002.

[27] Adnan R M, Yuan X, Kisi O, et al. Improving accuracy of river flow forecasting using lssvr with gravitational search algorithm [J]. Advances in Meteorology, 2017(3): 1–23.

[28] Goyal M K, Bharti B, Quilty J, et al. Modeling of daily pan evaporation in sub tropical climates using ann, ls-svr, fuzzy logic, and anfis [J]. Expert Systems with Applications, 2014, 41(11): 5267–5276.

第 7 章 基于二维正态云的时间序列粒化降维

7.1 引　　言

随着数字化信息资源的快速增长，时间序列数据挖掘逐渐显露了许多方面的问题与挑战。其中，最普遍的两个问题是时间序列的高维性和基于人类感知的相似性度量的形式化。在过去的十几年里，许多时间序列降维表示方法被提出并成功应用到数据挖掘的各个领域，如 SAX[1]、DSA[2]、SAX-TD[3] 和 Feature-based[4] 等。然而这些降维方法具有一个普遍的缺点：从高维特征空间到较低维特征空间的降维过程中，时间序列数据挖掘性能会迅速下降。针对现有方法主要关注单变量时间序列而无法适应维度数量增加的问题，Yu 等提出了一种基于局部敏感散列的有效近似方法，首先检索候选时间序列，然后利用它们的哈希值来计算距离估计以进行修剪[5]。另外，实际应用中的时间序列数据往往具有模糊性、随机性和不完整性等不确定性特性，使得传统的基于精确数据集的降维方法不能直接应用或者效果不佳。虽然 PWCA[6] 方法注重强调了这两个方面的问题，考虑了时间序列中的数据分布，但是它忽略了时间序列随时间推移的变化趋势，这限制了 PWCA 的性能和应用。

正态云是研究和应用最为广泛的一种云模型，与其对应的正态分布和正态隶属函数分别是概率统计和模糊数学中最常使用的概率分布和隶属函数。正态云的定义已经在 2.2 节给出，此处不再赘述。

近年来，云模型应用于时间序列预测的研究一直在往前推进。基础理论方面，云模型之间的相似性是一个关键问题，它可以从概念外延、数字特征和特征曲线等方面进行度量，但这些度量在计算效率、领域适用性等方面存在局限性，因此李帅等进一步提出了公理化的和基于 2 型模糊集不确定性的相似性度量[7]。为了降低度量的不确定性，Yan 等提出一种局部云模型相似度度量（cloud model similarity measurement, CMSM）作为度量时间序列相似度的新方法，CMSM 利用云模型从总体角度和局部趋势中获取时间序列的内部信息；通过 CMSM 从时间序列中选取近邻集，并将它用于构建最小二乘支持向量机预测模型[8]。应用方面，Wang 等开发了一种融合时间序列和云模型的新型预测方法来预测新能源汽车企业的股价，提出时间序列云（time series clouds, TSCs）的概念和生成算法来检测数据变化的不确定性[9]。

　　鉴于前述时间序列表示方法存在的问题，利用云模型理论高效处理不确定性数据的特点，本章提出一种基于二维正态云的时间序列粒化降维方法——分段二维正态云表示（two-dimensional normal cloud representation, 2D-NCR）。与 PWCA 不同，该方法兼顾考虑了时间序列中的数据分布和变化趋势。在具体实施时，本书基于分段近似聚合的思想将一个时间序列粒化表示成若干个二维正态云。为了在粒化降维后的粗粒度特征空间中度量两个时间序列之间的相似性，本书提出了一种基于 2D-NCR 的相似性度量方法，该方法基于"分解-计算-联合"三步策略的问题求解思路，符合人类认知中分析复杂问题的一般规律。本章提出的方法可以在高维和低维空间中实现有竞争力的时间序列数据挖掘性能。

7.2　分段二维正态云表示方法

　　分段二维正态云表示方法是基于分段近似聚合的思想将一个时间序列粒化表示成若干个二维正态云。该方法首先计算原始时间序列的一阶差分序列；然后基于"等长分割"方法同时分割原始时间序列和差分序列，构成若干个"子序列对"；最后运用 T-BNCG 算法将每个"子序列对"转换成一个二维正态云表示。

　　给定一个观测时间序列 $T = (t_1, t_2, \cdots, t_n)$ 和降维维度 w，2D-NCR 方法框架参见图 7.1，由图可知该方法包含三个步骤：

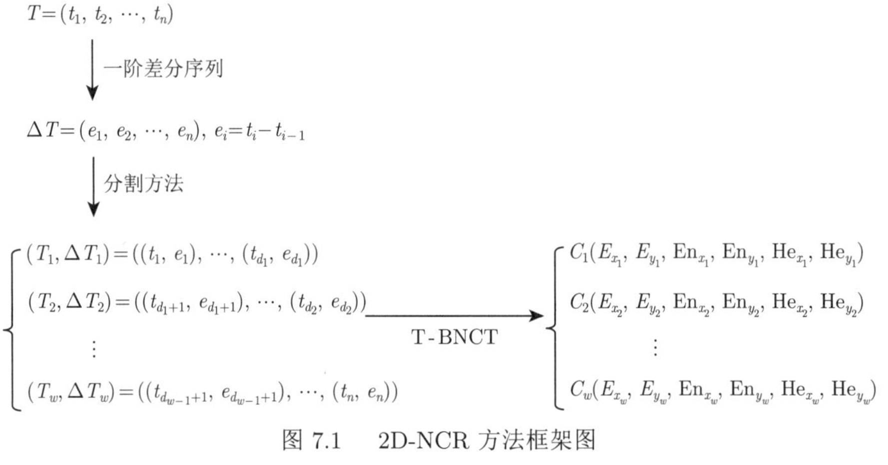

$T = (t_1, t_2, \cdots, t_n)$

↓ 一阶差分序列

$\Delta T = (e_1, e_2, \cdots, e_n),\ e_i = t_i - t_{i-1}$

↓ 分割方法

$$\begin{cases} (T_1, \Delta T_1) = ((t_1, e_1), \cdots, (t_{d_1}, e_{d_1})) \\ (T_2, \Delta T_2) = ((t_{d_1+1}, e_{d_1+1}), \cdots, (t_{d_2}, e_{d_2})) \\ \vdots \\ (T_w, \Delta T_w) = ((t_{d_{w-1}+1}, e_{d_{w-1}+1}), \cdots, (t_n, e_n)) \end{cases}$$

$\xrightarrow{\text{T-BNCT}}$

$$\begin{cases} C_1(E_{x_1}, E_{y_1}, En_{x_1}, En_{y_1}, He_{x_1}, He_{y_1}) \\ C_2(E_{x_2}, E_{y_2}, En_{x_2}, En_{y_2}, He_{x_2}, He_{y_2}) \\ \vdots \\ C_w(E_{x_w}, E_{y_w}, En_{x_w}, En_{y_w}, He_{x_w}, He_{y_w}) \end{cases}$$

图 7.1　2D-NCR 方法框架图

步骤 1: 根据式 (7.1) 计算时间序列 T 的一阶差分序列 $\Delta T = (e_1, e_2, \cdots, e_n)$。

$$e_i = \begin{cases} 0, & i = 1 \\ t_i - t_{i-1} \end{cases} \tag{7.1}$$

步骤 2: 通过等长分割方法同时将时间序列 T 和一阶差分序列 ΔT 分割成 w 个子序列, 并将其组成 w 个 "子序列对" $(T_i, \Delta T_i), i = 1, \cdots, w$, 每个 "子序列对" 的长度是 $\lceil n/w \rceil$, 即图 7.1 中的 d_i 满足式 (7.2)。

$$d_i = \frac{n}{w} \times i, i = 1, \cdots, w-1 \tag{7.2}$$

步骤 3: 运用 T-BNCG 算法将每个 "子序列对" $(T_i, \Delta T_i)$ 转换成一个二维正态云表示 $C_i(E_{x_i}, E_{y_i}, \text{En}_{x_i}, \text{En}_{y_i}, \text{He}_{x_i}, \text{He}_{y_i})$, 最终本书将原始的时间序列 T 粒化成了 w 个二维正态云 $(C_1, C_2, \cdots, C_w)$。

在一个时间序列中, 观测值的概率分布和随时间推移的变化趋势分布是时间序列数据最常见和最重要的两个特征。2D-NCR 方法的两个维度分别为原始时间序列维度和差分序列维度, 其中原始时间序列维度可以体现时间序列中数据点的概率分布, 差分序列维度则重点强调了时间序列随时间推移变化趋势的分布情况, 即 2D-NCR 方法可以同时表征时间序列的数据分布和变化趋势。2D-NCR 方法采用基于分段近似聚合的思想将原始时间序列表示成若干个二维正态云, 不但能够反映原始时间序列的全局变化趋势, 还能保留局部信息。

图 7.2 为 CBF 数据集 (数据集的特征信息参见 7.5.1 节) 中一个长度为 128 维的时间序列的 2D-NCR 表示。图中 2D-NCR 方法将原始时间序列粒化为 4 个二维正态云, 图 7.2(a) 展示了三维坐标系 (原始时间序列, 差分时间序列, 时间轴) 中的 2D-NCR 表示, 图 7.2(b) 是 2D-NCR 表示在 "原始数据-时间" 平面和 "差分数据-时间" 平面上的投影。从图 7.2(b) 可以看出, 该时间序列整体上呈现 "上升趋势", 因为正态云 $C_{x_{i+1}}$ 的期望大于 C_{x_i} 的期望, 但是由差分序列维度上一维正态云 $C_{y_i}, i = 1, \cdots, 4$ 的期望几乎等于 0 (即 $E_y \approx 0$) 可知, 每个子序列内的局部变化趋势基本趋于稳定状态。另外, 原始时间序列维度上的每个一维正态云的期望反映了相应子时间序列内的数据分布, 熵和超熵反映了数据的离散程度和不确定性程度。

由上述介绍可知, 2D-NCR 方法是将原始时间序列粒化成若干个由三个二维数字特征描述的二维正态云, 从而实现高效降维。同样, 可以运用二维正向正态云发生器（T-FNCG）将这些由数字特征表示的二维正态云转换为由定量数据表示的时间序列，并且重构后的时间序列呈现一定的随机性和模糊性。根据云模型理论本身的特点，熵和超熵反映了一个云模型的不确定性特征（主要指随机性和模糊性）。也就是说，2D-NCR 方法能够高效地处理时间序列本身固有的不确定性。2D-NCR 方法着重强调了时间序列中的数据分布而不是单个数据点，这意味着该方法对异常的数据点不敏感。

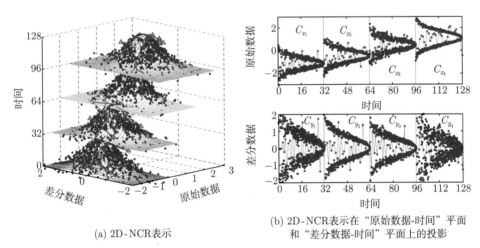

(a) 2D-NCR表示

(b) 2D-NCR表示在"原始数据-时间"平面
和"差分数据-时间"平面上的投影

图 7.2   长度为 128 维的时间序列云模型表示

综上所述，2D-NCR 表示方法具有以下属性特征：

（1）能够反映原始时间序列的数据分布和变化趋势。

（2）能够处理时间序列的不确定性。

（3）降维显著性。

（4）重构高质量性。

（5）噪声不敏感性。

7.3   基于 2D-NCR 的时间序列相似性度量

本节在粗粒度层次上提出一种基于 2D-NCR 的时间序列相似性度量方法，该方法的主要依据是正态云模型理论中的"3En 规则"。和正态分布的"3σ 规则"类似，云模型理论中的"3En 规则"是指：在论域 U 中，对概念 C 有贡献的云滴以 99.74% 的概率都落在区间 $[\text{Ex} - 3\text{En}, \text{Ex} + 3\text{En}]^{[10]}$。也就是说，可以近似地忽略区间 $[\text{Ex} - 3\text{En}, \text{Ex} + 3\text{En}]$ 外的云滴对概念 C 的贡献。

例如，图 7.3 示例了正态云 $C(20, 5, 0.3)$ 的 "3En 规则"，由图 7.3 能够看出大约有 99.74% 的云滴都落在区间 $[5, 35]$ 上。

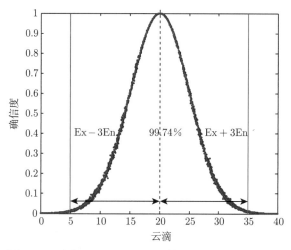

图 7.3　正态云 $C(20, 5, 0.3)$ 的 "3En 规则" 示意图

如图 7.4 所示，本书提出的基于 2D-NCR 粒化降维的时间序列相似性度

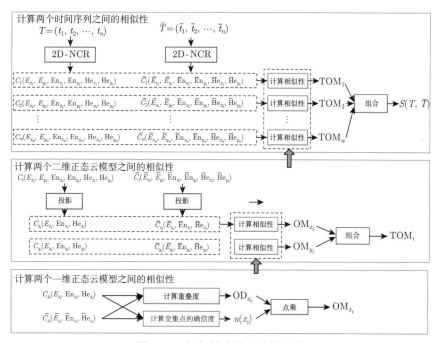

图 7.4　相似性度量方法框架图

量方法可以分为"分解—计算—联合"三步。该方法的思想来源于多粒度计算的观点：基于信息粒的多粒度结构联合问题求解，首先将粗粒层上的复杂问题分解成若干个细粒层上的简单子问题，然后在每个细粒度层次上进行子问题求解，再联合所有细粒度层次上子问题的初解得到粗粒度层次上原问题的解[11]。针对本书聚焦的问题——2D-NCR 表示的时间序列相似性度量，由于一个时间序列粒化表示后的若干个二维正态云之间具有相互独立关系，"将原始的时间序列相似性度量问题分解成若干个简单的子任务——计算二维云模型对之间的相似性，然后联合低维特征空间中的度量结果形成原问题的解"这种方法是合理的。

给定两个时间序列，$T = (t_1, t_2, \cdots, t_n)$ 和 $\bar{T} = (\bar{t}_1, \bar{t}_2, \cdots, \bar{t}_n)$，经过 2D-NCR 方法粒化降维后，$T$ 和 $\bar{T}$ 分别表示为二维正态云序列 $(C_1, C_2, \cdots, C_w)$ 和 $(\bar{C}_1, \bar{C}_2, \cdots, \bar{C}_w)$，则基于"分解—计算—联合"三步策略的相似性度量方法可以表述如下。

(1) **分解阶段**。

如图 7.4 所示，该方法首先将"计算两个时间序列相似性"的原始任务分解成 w 个子任务——简单地计算"二维正态云对"之间相似性。例如，第 i 个子任务是计算二维正态云 $C_i(E_{x_i}, E_{y_i}, \mathrm{En}_{x_i}, \mathrm{En}_{y_i}, \mathrm{He}_{x_i}, \mathrm{He}_{y_i})$ 和 $\bar{C}_i(\bar{E}_{x_i}, \bar{E}_{y_i}, \overline{\mathrm{En}}_{x_i}, \overline{\mathrm{En}}_{y_i}, \overline{\mathrm{He}}_{x_i}, \overline{\mathrm{He}}_{y_i})$ 之间的相似性。通过将每个二维正态云投影到"原始数据-时间"平面和"差分数据-时间"平面上（为了叙述方便，分别称为平面 XOZ 和 YOZ），每个子任务又将分解为计算"一维正态云对"之间相似性这样两个更简单的子任务。最后，原始的复杂任务经过两次分解被拆分成了计算"一维正态云对"之间相似性的 $2w$ 子问题。

(2) **计算阶段**。

这一阶段的主要问题是计算"一维正态云对"之间的相似性。给定两个一维正态云 $C_{x_i}(E_{x_i}, \mathrm{En}_{x_i}, \mathrm{He}_{x_i})$ 和 $\bar{C}_{x_i}(\bar{E}_{x_i}, \overline{\mathrm{En}}_{x_i}, \overline{\mathrm{He}}_{x_i})$，相应的期望曲线分别是

$$y = \exp\left\{-\frac{(x - E_{x_i})^2}{2(\mathrm{En}_{x_i})^2}\right\} \quad , \quad \bar{y} = \exp\left\{-\frac{(x - \bar{E}_{x_i})^2}{2(\overline{\mathrm{En}}_{x_i})^2}\right\} \tag{7.3}$$

本章所采用的"一维正态云对"之间的相似性度量主要是利用期望曲线的形状特征，从水平和垂直两个方向去度量。具体的实施步骤如下。

步骤 1：计算期望曲线 y 和 $\bar{y}$ 的重叠度 OD_{x_i}。重叠度 OD_{x_i} 是度量两个一维正态云之间水平方向上的相似性。为了方便叙述，在二维坐标系中假

设一维正态云 C_{x_i} 位于 $\bar{C}_{x_i}$ 的左边，即 $E_{x_i} < \bar{E}_{x_i}$，如图 7.5所示，则重叠度 OD_{x_i} 可由式 (7.4) 计算获得

$$\mathrm{OD}_{x_i} = \frac{2 \times (\min\{\mathrm{Sup}\{C_{x_i}\}, \mathrm{Sup}\{\bar{C}_{x_i}\}\} - \max\{\mathrm{Inf}\{C_{x_i}\}, \mathrm{Inf}\{\bar{C}_{x_i}\}\})}{(\mathrm{Sup}\{C_{x_i}\} - \mathrm{Inf}\{C_{x_i}\}) + (\mathrm{Sup}\{\bar{C}_{x_i}\} - \mathrm{Inf}\{\bar{C}_{x_i}\})} \quad (7.4)$$

式中，$\mathrm{Sup}\{C_{x_i}\}$ 和 $\mathrm{Inf}\{C_{x_i}\}$ 分别为正态云 C_{x_i} 中满足"3En 规则"的云滴的上界和下界，即 $\mathrm{Sup}\{C_{x_i}\} = E_{x_i} + 3\mathrm{En}_{x_i}$ 和 $\mathrm{Inf}\{C_{x_i}\} = E_{x_i} - 3\mathrm{En}_{x_i}$。同理，$\mathrm{Sup}\{\bar{C}_{x_i}\}$ 和 $\mathrm{Inf}\{\bar{C}_{x_i}\}$ 分别是正态云 $\bar{C}_{x_i}$ 中满足"3En 规则"的云滴的上界和下界，且 $\mathrm{Sup}\{\bar{C}_{x_i}\} = \bar{E}_{x_i} + 3\overline{\mathrm{En}}_{x_i}$ 和 $\mathrm{Inf}\{\bar{C}_{x_i}\} = \bar{E}_{x_i} - 3\overline{\mathrm{En}}_{x_i}$。需要注意的是：如果两个一维正态云之间没有满足"3En 规则"的重叠区域，则有 $\mathrm{OD}_{x_i} = 0$；如果两个一维正态云相同，则有 $\mathrm{OD}_{x_i} = 1$。

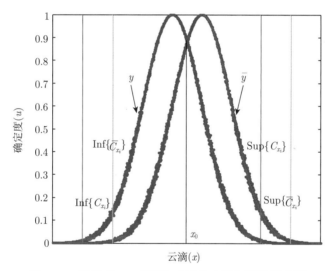

图 7.5 满足"3En 规则"云滴的上界和下界示意图

步骤 2：计算期望曲线 y 和 $\bar{y}$ 交点的确定度 $u(x_i)$。$u(x_i)$ 代表了两个正态云之间垂直方向上的相似性。如图 7.5 所示，x_0 是期望曲线 y 和 $\bar{y}$ 交点，令 $y(x) = \bar{y}(x)$，则 x_0 具有两个解析解：

$$x_1 = \frac{\bar{E}_{x_i} \times \mathrm{En}_{x_i} - E_{x_i} \times \overline{\mathrm{En}}_{x_i}}{\mathrm{En}_{x_i} - \overline{\mathrm{En}}_{x_i}} \quad , \quad x_2 = \frac{E_{x_i} \times \overline{\mathrm{En}}_{x_i} + \bar{E}_{x_i} \times \mathrm{En}_{x_i}}{\mathrm{En}_{x_i} + \overline{\mathrm{En}}_{x_i}} \quad (7.5)$$

此时存在三种情况：

情况 1：如果 x_1 和 x_2 均落在区间 $[E_x - 3\mathrm{En}, E_x + 3\mathrm{En}]$ 之外，则 $u(x_i) =$

0。

情况 2：如果 x_1 或者 x_2 落在区间 $[E_x - 3\text{En}, E_x + 3\text{En}]$ 上，不失一般性，假设 x_1 落在区间 $[E_x - 3\text{En}, E_x + 3\text{En}]$ 上，则 $u(x_i) = u(x_1)$。

情况 3：如果 x_1 和 x_2 均落在区间 $[E_x - 3\text{En}, E_x + 3\text{En}]$ 上，则 $u(x_i) = \max\{u(x_1), u(x_2)\}$。

步骤 3：联合 OD_{x_i} 和 $u(x_i)$ 得到正态云 $C_{x_i}(E_{x_i}, \text{En}_{x_i}, \text{He}_{x_i})$ 和 $\bar{C}_{x_i}(\bar{E}_{x_i}, \bar{\text{En}}_{x_i}, \bar{\text{He}}_{x_i})$ 之间的相似性 OM_{x_i}。从步骤 1 和步骤 2 可知，OD_{x_i} 是 C_{x_i} 和 $\bar{C}_{x_i}$ 在水平方向上的相似性度量，$u(x_i)$ 是 C_{x_i} 和 $\bar{C}_{x_i}$ 在垂直方向上的相似性度量，因此，本书定义 OM_{x_i} 为 C_{x_i} 和 $\bar{C}_{x_i}$ 在两个方向上的相似性的乘积，即有

$$\text{OM}_{x_i} = \text{OD}_{x_i} \times u(x_i) \tag{7.6}$$

需要指出的是：水平方向上的相似性 OD_{x_i} 和垂直方向上的相似性 $u(x_i)$ 具有相互独立的关系，并且均对计算 OM_{x_i} 有重要贡献。例如，给定三个一维正态云 $C_{x_i}(20, 5, 0.3)$、$\bar{C}_{x_{i1}}(25, 5, 0.3)$ 和 $\bar{C}_{x_{i2}}(20, 25/7, 0.3)$，根据式 (7.4)，可以很容易计算出 C_{x_i} 和 $\bar{C}_{x_{i1}}$ 在水平方向上的相似性 $\text{OD}_{x_{i1}}$ 以及 C_{x_i} 和 $\bar{C}_{x_{i2}}$ 在水平方向上的相似性 $\text{OD}_{x_{i2}}$，有 $\text{OD}_{x_{i1}} = \text{OD}_{x_{i2}} = 0.8333$。同样，根据式 (7.3) 和式 (7.5)，可以得到它们在垂直方向上的相似性 $u(x_{i1}) = 0.8825$ 和 $u(x_{i2}) = 1$。最终，C_{x_i} 和 $\bar{C}_{x_{i1}}$ 之间的相似性度量 $\text{OM}_{x_{i1}}$ 以及 C_{x_i} 和 $\bar{C}_{x_{i2}}$ 之间的相似性度量 $\text{OM}_{x_{i2}}$ 可通过式 (7.6) 获得，即 $\text{OM}_{x_{i1}} = 0.8333 \times 0.8825 = 0.7354$，$\text{OM}_{x_{i2}} = 0.8333 \times 1 = 0.8333$。由上计算过程可以看出，两个一维正态云在垂直方向的相似性 $u(x_i)$ 以独立于水平方向相似性 OD_{x_i} 的方式影响相似性 OM_{x_i}。同理可以证明，水平方向的重叠度 OD_{x_i} 对计算相似性 OM_{x_i} 具有独立的影响作用。

(3) **联合阶段**。

正如"分解阶段"所述，原始的相似性度量计算任务被分解了两次，因此，在这一阶段，同样需要执行两次"联合操作"以获得最终的原始时间序列的相似性。具体操作如下。

首先，本书联合投影平面 XOZ 和 YOZ 上两个正态云之间的相似性，得到"二维正态云对"$\langle C_i(E_{x_i}, E_{y_i}, \text{En}_{x_i}, \text{En}_{y_i}, \text{He}_{x_i}, \text{He}_{y_i}), \bar{C}_i(\bar{E}_{x_i}, \bar{E}_{y_i}, \overline{\text{En}}_{x_i}, \overline{\text{En}}_{y_i}, \overline{\text{He}}_{x_i}, \overline{\text{He}}_{y_i})\rangle$，之间的相似性 TOM_i，计算公式如式 (7.7) 所示：

$$\text{TOM}_i = \text{OM}_{x_i} \times \text{OM}_{y_i} \tag{7.7}$$

式中，OM_{x_i} 为投影平面 XOZ 上的"一维正态云对"$\langle Cx_i(E_{x_i}, \text{En}_{x_i}, \text{He}_{x_i}),$ $\bar{C}_{x_i}(\bar{E}_{x_i}, \overline{\text{En}}_{x_i}, \overline{\text{He}}_{x_i})\rangle$ 之间的相似性；OM_{y_i} 为投影平面 YOZ 上的"一维正态云对"$\langle C_{y_i}(E_{y_i}, \text{En}_{y_i}, \text{He}_{y_i}), \bar{C}_{y_i}(\bar{E}_{y_i}, \overline{\text{En}}_{y_i}, \overline{\text{He}}_{y_i})\rangle$ 之间的相似性。

然后，通过联合所有 w 个"二维正态云对"的相似性，可以得到两个原始时间序列 $T = (t_1, t_2, \cdots, t_n)$ 和 $\bar{T} = (\bar{t}_1, \bar{t}_2, \cdots, \bar{t}_n)$ 之间的相似性 $S(T, \bar{T})$，本书定义其计算公式为式 (7.8)：

$$S(T, \bar{T}) = \sqrt{\frac{1}{w}\sum_{i=1}^{w}\text{TOM}_i} \tag{7.8}$$

从图 7.5 和式 (7.3)~ 式 (7.5) 可以看出，重叠度表示两个一维正态云的"3En 区间"之间的相似性，两条期望曲线交点的确定度反映了两个一维正态云的形状的相似性，因此式 (7.6) 的乘积运算操作强调了两个一维正态云的位置和形状。式 (7.7) 中原始时间子序列和一阶差分子序列相似性的联合操作表明：本书所提的方法同时考虑了时间序列的数据分布和随时间推移的变化趋势。式 (7.8) 的联合运算则体现了上述方法度量时间序列全局相似性和局部相似性的能力。另外，从图 7.4 可以看出，"将原始的时间序列相似性度量任务经过两次分解操作拆分成 $2w$ 个简单的子任务，再联合各个子任务的初解得到最后原问题的解"这样一种思考和求解问题的策略符合人类认知中分析复杂问题的一般规律，也就是说，本书提出的相似性度量方法和人类的直观认知相一致。以上这些特点共同决定了粗粒度层次上基于 2D-NCR 粒化降维的相似性度量方法能够较好地区分时间序列的相异性。

由以上分析可知，本章提出的基于 2D-NCR 表示的相似性度量方法具有以下特点：

(1) 同时强调时间序列显著的全局和局部特征。

(2) 直观地识别相似时间序列。

(3) 相似性计算同人类认知过程相一致。

(4) 不存在特殊假设条件，即具有普遍性。

7.4　时间复杂度分析

下面对本章所提方法的时间复杂度做简要的分析。首先，考虑 2D-NCR 降维方法的时间复杂度：计算长度为 n 的时间序列 T 的一阶差分序列 ΔT

需要 $O(n)$ 时间，将长度为 $\lceil n/w \rceil$ 的 "子时间序列对" $(T_i, \Delta T_i)$ 粒化为二维正态云的时间复杂度为 $O(3 \cdot \lceil n/w \rceil)$，因此 2D-NCR 方法总的时间复杂度为

$$O(n) + w \cdot O(3 \cdot \lceil n/w \rceil) = O(n) \tag{7.9}$$

然后，采用自底向上的策略讨论本书中基于 2D-NCR 表示的相似性度量的时间复杂度。由图 7.4可知，在最底层计算两个 "一维正态云" 之间的相似性需要 $O(1) + O(1) = 2 \cdot O(1)$ 时间，并由此可以得出计算 "二维正态云对" 之间相似性需要消耗 $2 \cdot O(1) + 2 \cdot O(1) = 4 \cdot O(1)$，那么计算 w 个 "二维正态云对" 之间相似性的时间复杂度为 $w \cdot 4 \cdot O(1)$，即该方法需要 $w \cdot 4 \cdot O(1) + w \approx 5 \cdot O(w)$ 时间。因此整个方法的时间复杂度为

$$O(n) + 5 \cdot O(w) = O(n) \tag{7.10}$$

7.5　实验及结果分析

为了验证本章提出方法的性能，设计了两个最常见的时间序列数据挖掘任务的测试实验。7.5.1 节介绍了实验所用的数据集和比较方法；7.5.2 节和 7.5.3 节分别介绍了时间序列分类和聚类的验证实验。

7.5.1　实验设置

本章所用的数据集来源于加利福尼亚大学河滨分校的时间序列分类/聚类页面[12] 的前 20 个数据集，这些数据集收集于各个应用领域，包括瑜伽姿势记录（Yoga）、鱼类洄游监测（Fish）以及心电图监测（ECG）等。每个数据集中的时间序列都是带分类标签的，且所有数据集被划分为规模不同的训练集和测试集，数据集的详细情况参见表 7.1。

在时间序列分类验证实验中，本书先在 Synthetic Control 和 CBF（Cylinder-Bell-Funnel）两个数据集上分析 2D-NCR 降维方法的分类误差率和降维维度之间的关系，然后在所有 20 个数据集上测试 2D-NCR 表示方法及其相似性度量的整体分类性能；在时间序列聚类实验中，Synthetic Control 数据集被用于测试低维特征空间中 2D-NCR 方法识别类簇的能力，Synthetic Control、Gun-Point、CBF 和 Trace 四个数据集被用于验证和比较本章提出的方法与已有方法的整体聚类性能。

表 7.1　　本章所用数据集的基本特征信息列表

序号	数据集	类别数	训练集大小	测试集大小	时间序列长度	类型
1	Synthetic Control	6	300	300	60	合成
2	Gun-Point	2	50	150	150	实数
3	CBF	3	30·	900	128	合成
4	Face (all)	14	560	1690	131	形状
5	OSU Leaf	6	200	242	427	形状
6	Swedish Leaf	15	500	625	128	形状
7	50Words	50	450	455	270	实数
8	Trace	4	100	100	275	合成
9	Two Patterns	4	1000	4000	128	合成
10	Wafer	2	1000	6174	152	实数
11	Face (four)	4	24	88	350	形状
12	Lightning-2	2	60	61	637	实数
13	Lightning-7	7	70	73	319	实数
14	ECG	2	100	100	96	实数
15	Adiac	37	390	391	176	形状
16	Yoga	2	300	3000	426	形状
17	Fish	7	175	175	463	形状
18	Beef	5	30	30	470	实数
19	Coffee	2	28	28	286	实数
20	OliveOil	4	30	30	570	实数

7.5.2　时间序列分类实验

　　时间序列分类是时间序列数据挖掘（TSDM）最常见的任务之一，从研究对象和应用背景的角度，TSDM 主要任务可分为七个方面[13]：时间序列预测[14-16]、异常检测[17-19]、分类[20-23]、聚类[24,25]、相似性查找[26,27]、主题发现[28] 和时间序列分割[29]。经过学者们的不断努力，该领域从最初的时间序列数据可视化发展到目前已成功应用并影响到人们生活的方方面面，如经济预测（包括股票上证指数预测[30]、农产品价格预测[31] 等）、入侵检测[32]、基因表达分析[33]、医疗健康监护[34] 以及水环境预报预警[35-37] 等。当前，TSDM 已经成为数据挖掘和人工智能领域的热点研究之一。由于时间序列的高维性，分类准确率同时依赖于分类算法和降维方法。在本章中，我们选用最简单的分类器——最近邻分类器（1NN）来验证 2D-NCR 方法在分类任务中的有效性，主要原因是 1NN 分类器的分类性能取决于所采用的时间序列降维表示及其相应的相似性度量方法，这样一来最终分类结果的精度直接能够反映时间序列表示及其相似性度量方法的分类能力。另外，1NN 不存在参数训练问题（即 parameter free），且已经被证明其泛化误差率不超过贝叶斯最优决策分类器误差率的两倍。实验中本书选用误差率作为分类准确率的度量标准，即误差率越小，分类准确率越高。

首先，本书在 Synthetic Control 和 CBF 数据集上评估 2D-NCR 在不同降维维度条件下的分类误差率，并将结果同 PWCA、PAA[38]、PLA[39] 和 SAX 四种现有方法作比较。对于 CBF 数据集，本书依次设置降维维度 $w = (2, 4, 8, 16, 32)$，并采用线性样条插值方法分析其分类误差率的变化。图 7.6(a) 显示了线性样条插值结果，2D-NCR 方法在高维和低维空间均具有稳定较好的分类准确率。当降维维度 $w \leqslant 8$ 时，PAA、PLA 和 SAX 方法的分类性能会迅速地下降，PWCA 方法虽然具有稍微较为稳定的分类精度，但其误差率仍高于 2D-NCR 方法。对于 Synthetic Control 数据集，本书设置降维维度 $w = (2, 3, 6, 10, 15)$，并采用和 CBF 数据集上相同的方法分析分类误差率的变化，实验结果见图 7.6(b)。我们能够看到 2D-NCR 方法仍然具有比较稳定的分类结果，而其他四种方法的分类性能在 $w \leqslant 10$ 时会大幅度下降，并且当 $w \leqslant 9$ 时，2D-NCR 方法具有最小的分类误差率。以上实验结果验证了 2D-NCR 方法具有比较稳定的分类精度且在低维特征空间中比现有方法具有更低的分类误差率。

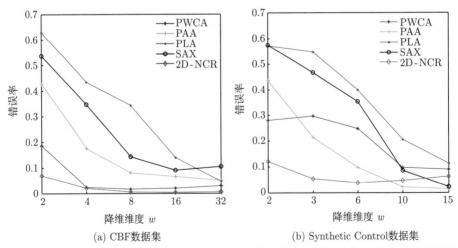

图 7.6　在 CBF 和 Synthetic Control 时间序列数据集上，不同方法的分类结果和降维的关系

然后，为了更全面地测试 2D-NCR 方法的分类性能，本书扩展分类实验

到所有 20 个时间序列数据集上，并同 SAX、欧氏距离（ED）、SAX-TD 和 Feature-based 四种方法比较分类结果。需要指出的是：所有数据集均直接来源于文献 [12]，且未经修改地用于本章的所有实验。不同方法在 20 个数据集上的分类误差率列表见表 7.2。表 7.3 列出了不同方法在 20 个数据集上的分类准确性排名。从表 7.2 和表 7.3 可以看出，2D-NCR 方法在 10 个数据集上排名第一（即具有最高的分类精度），而其他四种方法一共在 10 个数据集上的分类准确度优于 2D-NCR。更进一步地，本书采用 Fridman 检验验证所有方法的分类结果是否具有显著的差异，得到 P 值为 0.0004，远小于 $\alpha = 0.05$。另外，2D-NCR 分类准确度平均排名为 2.15，小于其他四种方法。Fridman 检验表明表 7.2 中的分类结果在统计意义上具有显著性差异，即 2D-NCR 方法和其他四种方法的分类性能显著性不同。因此，总体来说 2D-NCR 方法在所选用的数据集上实现了比 SAX、ED、SAX-TD 和 Feature-based 四种方法更好的分类性能。

表 7.2　不同方法在 20 个数据集上的分类误差率列表

序号	数据集	2D-NCR	SAX	ED	SAX-TD	Feature-based
1	Synthetic Control	0.0433	0.02	0.12	0.77	0.037
2	Gun-Point	0.0467	0.18	0.087	0.073	0.073
3	CBF	0.0022	0.104	0.148	0.088	0.289
4	Face (all)	0.2142	0.33	0.286	0.215	0.292
5	OSU Leaf	0.3719	0.467	0.483	0.446	0.165
6	Swedish Leaf	0.0912	0.483	0.211	0.213	0.227
7	50Words	0.2506	0.341	0.369	0.338	0.453
8	Trace	0	0.46	0.24	0.21	0.01
9	Two Patterns	0.1447	0.081	0.093	0.071	0.074
10	Wafer	0.0126	0.0034	0.0045	0.0042	0
11	Face (four)	0.0227	0.17	0.216	0.181	0.261
12	Lightning-2	0.229	0.213	0.246	0.229	0.197
13	Lightning-7	0.3424	0.397	0.425	0.329	0.438
14	ECG	0.11	0.12	0.12	0.09	0.01
15	Adiac	0.2583	0.89	0.389	0.273	0.355
16	Yoga	0.138	0.195	0.17	0.179	0.226
17	Fish	0.12	0.474	0.217	0.154	0.171
18	Beef	0.433	0.567	0.467	0.2	0.433
19	Coffee	0.1428	0.464	0.25	0	0
20	OliveOil	0.2667	0.833	0.133	0.067	0.01

表 7.3　不同方法在 20 个数据集上的分类准确性排名列表

序号	数据集	2D-NCR	SAX	ED	SAX-TD	Feature-based
1	Synthetic Control	3	**1**	4	5	2
2	Gun-Point	**1**	5	4	2.5	2.5
3	CBF	**1**	3	4	2	5
4	Face (all)	**1**	5	3	2	4
5	OSU Leaf	2	4	5	3	1
6	Swedish Leaf	**1**	5	2	3	4
7	50Words	**1**	3	4	2	5
8	Trace	**1**	5	4	3	2
9	Two Patterns	5	3	4	1	2
10	Wafer	5	2	4	3	1
11	Face (four)	**1**	2	4	3	5
12	Lightning-2	3.5	2	5	3.5	1
13	Lightning-7	2	3	4	1	5
14	ECG	3	4.5	4.5	2	1
15	Adiac	**1**	5	4	2	3
16	Yoga	**1**	4	2	3	5
17	Fish	**1**	5	4	2	3
18	Beef	2.5	5	4	1	2.5
19	Coffee	3	5	4	1	1
20	OliveOil	4	5	3	5	1
	平均位序	**2.15**	3.825	3.825	2.37	2.875

为了更为直观地展示表 7.2 中的分类结果，本书进一步地选用二维散点图进行成对比较。在散点图中，一个点代表一个数据集，点的 x 和 y 坐标分别为两种比较方法的分类误差率。一个点落在某个区域则代表该区域所对应方法的分类误差率更高，且该散点离直线越远代表另一种方法分类性能提升越大。成对比较的结果如图 7.7 所示。在图 7.7(a) 和 (b) 中，大部分点落在了"SAX 区域"和"ED 区域"，表明 2D-NCR 方法的分类精度显著高于 SAX 和 ED 方法。图 7.7(c) 展示了落在"SAX-TD 区域"比"2D-NCR 区域"的散点数量为 10 比 4，其余 6 个点落在或者几乎落在直线上。同样，在图 7.7(d) 中，散点落在"Feature-based 区域"上的数量要多于"2D-NCR 区域"。从图 7.7 中的四个散点图可以看出，无论是散点落在区域的数量还是这些散点距离直线的距离，均直观地表明 2D-NCR 降维方法在本章所用的数据集上实现了有竞争力的分类性能，具体地，2D-NCR 方法具有比其他四种方法更高的分类准确度。

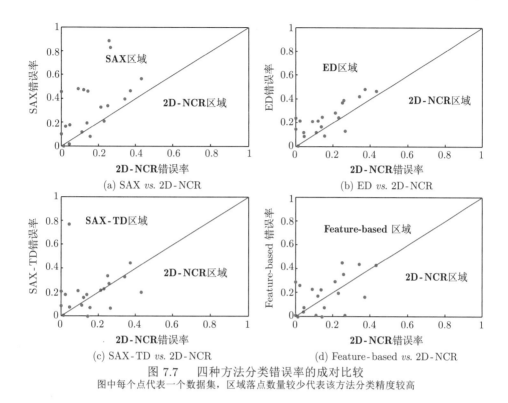

(a) SAX *vs.* 2D-NCR (b) ED *vs.* 2D-NCR

(c) SAX-TD *vs.* 2D-NCR (d) Feature-based *vs.* 2D-NCR

图 7.7 四种方法分类错误率的成对比较

图中每个点代表一个数据集, 区域落点数量较少代表该方法分类精度较高

7.5.3 时间序列聚类实验

本节讨论 2D-NCR 表示及其相似性度量方法的聚类性能。由于层次聚类算法以树结构的形式清晰地展示了整个聚类过程, 且大多数层次聚类算法的聚类性能极易受时间序列降维方法及其相似性度量方法影响, 选用组平均聚类算法 (unweighted pair group method using arithmetic averages, UPGMA)。UPGMA 是一种自底向上的凝聚层次聚类算法, 它基于簇间对象两两之间距离的算术平均值度量任意两个类簇之间的距离。

为了示例 2D-NCR 方法和已有时间序列表示方法 PWCA、PAA 和 SAX 在高维和低维特征空间中的聚类质量对比, 本节分别从 Synthetic Control 数据集的 "normal" "cyclic" "upward shift" 类中任意抽取三个时间序列, 不失一般性, 依次记为 "1、2、3" "4、5、6" "7、8、9"。两次实验的降维维度分别设置为 $w = (3, 10)$。四种方法在两个维度下的聚类结果见图 7.8 和图 7.9, 由图可以看出 2D-NCR 方法在两个维度下均能很好地聚类这 9 个时间序列, 因为属于不同类别的时间序列分别在聚类树中 3 个不同的分支下。PWCA、PAA 和 SAX 在两个特征空间中均不能很好地识别 "normal" "cyclic" 类。具体地说，当 $w=10$ 时，三种方法不能正确将编号为 "1" 和 "4" 的时间序列区分为不同的类，所有四种方法均能较好地识别出 "upward shift" 类。从四种表示方法各自的特征可以解释这些结果，PWCA、PAA 和 SAX 均是基于分段近似聚合的思想且只着重强调时间序列的数据分布，而 2D-NCR 方法同时考虑了时间序列的数据分布和变化趋势。"normal" 和 "cyclic" 类中的时间序列具有相似的数据分布和相异的变化规律，即 "normal" 类中的时间序列变化频率较大且杂乱无章，而 "cyclic" 类中的时间序列的变化趋势呈现周期性。因而 2D-NCR 方法能正确聚类 "normal" 和 "cyclic" 类中的时间序列，而其他三种方法不能。

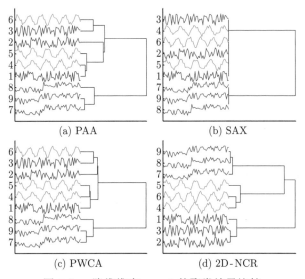

图 7.8　降维维度 $w=3$ 的聚类结果比较

更进一步，以验证 2D-NCR 表示方法整体聚类性能为目的，本书在 Gun-Point、Trace、Synthetic Control 和 CBF 数据集上执行基于 2D-NCR 表示方法的 UPGMA 聚类算法。与文献 [2] 中的 DSA 方法类似，本节选用 F_1 度量作为聚类质量的评价准则，F_1 度量是一种基于信息检索领域 "查准率 P" 和 "查全率 R" 的聚类性能度量方法，其定义如下：

$$F_1 = \frac{2 \times P \times R}{P + R} \tag{7.11}$$

表 7.4 列举了 7 种方法在所选 4 个数据集上聚类性能 F_1 度量结果和平均排名情况，其中 DTW 为动态时间弯曲相似性度量方法，前面 5 种方法的

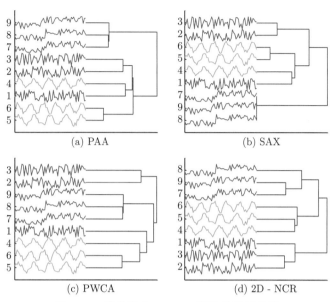

图 7.9　　降维维度 $w = 10$ 的聚类结果比较

F_1 度量结果直接来源于文献 [2]。由表 7.4可以看出，2D-NCR 方法在四个数据集中均具有较高的 F_1 值，具体地说，其在 Gun-Point、Synthetic Control和 CBF 数据集上具有最高的 F_1 值，而在 Trace 数据集上的 F_1 值比 DSA 方法稍低。便于直观地比较 7 种方法的聚类结果，它们在 4 个数据集上的 F_1 值平均排名被考虑，结果如表 7.4的最后两行所示，2D-NCR 方法以 1.25 的得分获得最好的平均排名，且最小的排名标准差反映了该方法在这四个数据集上具有稳定的聚类性能。更进一步地，本书使用 Fridman 检验验证表 7.4中的聚类结果是否具有显著性差异，得到 P 值等于 0.0009，远小于显著性水平 $\alpha = 0.05$，表明 7 种方法在这四个数据集上的聚类性能显著不同。

表 7.4　　基于不同时间序列表示和相似性度量的 UPGMA 聚类质量 (F_1) 对比

序号	数据集	DTW	PLA	PAA	SAX	DSA	PWCA	2D-NCR
1	Gun-Point	0.61	0.61	0.61	0.61	0.73	0.69	**0.79**
2	Trace	0.48	0.63	0.61	0.6	**0.82**	0.55	0.76
3	Synthetic Control	0.48	0.4	0.36	0.48	0.54	0.68	**0.81**
4	CBF	0.51	0.51	0.51	0.56	0.6	0.72	**0.76**
	平均位序	5.75	5.125	5.125	4.75	2.25	3.25	**1.25**
	标准差	1.04	1.44	1.25	0.65	0.96	1.89	**0.5**

7.6　本章小结

针对目前现有时间序列降维方法从高维特征空间变换到较低维特征空间的降维过程中，TSDM 性能会迅速下降的问题，本章提出了一种基于分段二维正态云的时间序列粒化降维方法——二维正态云表示（2D-NCR）。结合一阶差分序列、等长分割方法和二维逆向云发生器 T-BNCG，该方法将原始一维时间序列粒化成若干个二维正态云，采用云模型的数字特征表示时间序列，实现时间序列高效降维；2D-NCR 兼顾考虑了时间序列的数据分布和变化趋势，在高维和较低维的特征空间中均可实现高效的时间序列数据挖掘性能。另外，本书还在粒化后的粗粒度层次上提出了一种基于 2D-NCR 表示的相似性度量方法，该方法基于"分解—计算—联合"三步策略的问题求解思路，符合人类认知中分析复杂问题的一般规律。最后，在 UCR 时间序列分类/聚类页面前 20 个数据集上的分类和聚类测试实验中验证了本章方法的性能。

参 考 文 献

[1] Lin J, Keogh E, Li W, et al. Experiencing sax: A novel symbolic representation of time series [J]. Data Mining and Knowledge Discovery, 2007, 15(2): 107–144.

[2] Gullo F, Ponti G, Tagarelli A, et al. A time series representation model for accurate and fast similarity detection [J]. Pattern Recognition, 2009, 42(11): 2998–3014.

[3] Sun Y, Li J, Liu J, et al. An improvement of symbolic aggregate approximation distance measure for time series [J]. Neurocomputing, 2014, 138: 189–198.

[4] Fulcher B D, Jones N S. Highly comparative feature-based time-series classification [J]. IEEE Transactions on Knowledge and Data Engineering, 2014, 26(12): 3026–3037.

[5] Yu C, Luo L, Chan L L H, et al. A fast lsh-based similarity search method for multivariate time series [J]. Information Sciences, 2019, 476: 337–356.

[6] Li H, Guo C. Piecewise cloud approximation for time series mining [J]. Knowledge-Based Systems, 2011, 24(4): 492–500.

[7] Li S, Wang G, Yang J. Survey on cloud model based similarity measure of uncertain concepts [J]. CAAI Transactions on Intelligence Technology, 2019, 4(4): 223–230.

[8] Yan G, Jia S, Ding J, et al. A time series forecasting based on cloud model similarity measurement [J]. Soft Computing, 2019, 23(14): 5443–5454.

[9] Wang M X, Xiao Z, Peng H G, et al. Stock price prediction for new energy vehicle enterprises: An integrated method based on time series and cloud models [J]. Expert Systems with Applications, 2022, 208: 118–125.

[10] Li D, Du Y. Artificial Intelligence with Uncertainty [M]. Boca Raton: CRC Press, 2007.

[11] Wang G, Xu J, Zhang Q, et al. Multi-granularity intelligent information processing [C]. Rough Sets, Fuzzy Sets, Data Mining, and Granular Computing, 2015.

[12] Chen Y, Keogh E, Hu B, et al. The UCR time series classification archive, 2015, www.cs.ucr.edu/ eamonn/time_series_data/.

[13] Esling P, Agon C. Time-series data mining [J]. ACM Computing Surveys (CSUR), 2012, 45(1): 1–34.

[14] Chen S M. Forecasting enrollments based on fuzzy time series [J]. Fuzzy sets and systems, 1996, 81(3): 311–319.

[15] Wang N Y, Chen S M. Temperature prediction and taifex forecasting based on automatic clustering techniques and two-factors high-order fuzzy time series [J]. Expert Systems with Applications, 2009, 36(2): 2143–2154.

[16] Ho D T, Garibaldi J M. Context-dependent fuzzy systems with application to time-series prediction [J]. IEEE Transactions on Fuzzy Systems, 2013, 22(4): 778–790.

[17] Chaovalitwongse W A, Fan Y J, Sachdeo R C. On the time series k-nearest neighbor classification of abnormal brain activity [J]. IEEE Transactions on Systems, Man, and Cybernetics-Part A: Systems and Humans, 2007, 37(6): 1005–1016.

[18] Wang H, Tang M, Park Y, et al. Locality statistics for anomaly detection in time series of graphs [J]. IEEE Transactions on Signal Processing, 2013, 62(3): 703–717.

[19] Izakian H, Pedrycz W. Anomaly detection and characterization in spatial time series data: A cluster-centric approach [J]. IEEE Transactions on Fuzzy Systems, 2014, 22(6): 1612–1624.

[20] Kim M. Probabilistic sequence translation-alignment model for time-series classification [J]. IEEE Transactions on Knowledge and Data Engineering, 2013, 26(2): 426–437.

[21] García-Treviño E S, Barria J A. Structural generative descriptions for time series classification [J]. IEEE Transactions on Cybernetics, 2014, 44(10): 1978–1991.

[22] Grabocka J, Wistuba M, Schmidt-Thieme L. Scalable classification of repetitive time series through frequencies of local polynomials [J]. IEEE Transactions on Knowledge and Data Engineering, 2014, 27(6): 1683–1695.

[23] 原继东. 时间序列分类算法研究 [D]. 北京: 北京交通大学, 2016.

[24] Gacek A, Pedrycz W. Clustering granular data and their characterization with information granules of higher type [J]. IEEE Transactions on Fuzzy Systems, 2014, 23(4): 850–860.

[25] Ferreira L N, Zhao L. Time series clustering via community detection in networks [J]. Information Sciences, 2016, 326: 227–242.

[26] Wang H, Cai Y, Yang Y, et al. Durable queries over historical time series [J]. IEEE Transactions on Knowledge and Data Engineering, 2013, 26(3): 595–607.

[27] Krawczak M, Szkatuła G. An approach to dimensionality reduction in time series [J]. Information Sciences, 2014, 260: 15–36.

[28] Begum N, Keogh E. Rare time series motif discovery from unbounded streams [J]. Proceedings of the VLDB Endowment, 2014, 8(2): 149–160.

[29] Fuchs E, Gruber T, Nitschke J, et al. Online segmentation of time series based on polynomial least-squares approximations [J]. IEEE Transactions on Pattern Analysis and Machine Intelligence, 2010, 32(12): 2232–2245.

[30] Chen M Y, Chen B T. A hybrid fuzzy time series model based on granular computing for stock price forecasting [J]. Information Sciences, 2015, 294: 227–241.

[31] Granger C W J, Newbold P. Forecasting Economic Time Series [M]. New York: Academic Press, 2014.

[32] Sequeira K, Zaki M. Admit: Anomaly-based data mining for intrusions [C]. Proceedings of the Eighth ACM SIGKDD International Conference on Knowledge Discovery and Data Mining, 2002.

[33] Chiu B, Keogh E, Lonardi S. Probabilistic discovery of time series motifs [C]. Proceedings of the Ninth ACM SIGKDD International Conference on Knowledge Discovery and Data Mining, 2003.

[34] Iverson D L. Inductive system health monitoring [C]. International Conference on Artificial Intelligence, 2004.

[35] Wang W C, Chau K W, Xu D M, et al. Improving forecasting accuracy of annual runoff time series using arima based on eemd decomposition [J]. Water Resources Management, 2015, 29(8): 2655–2675.

[36] Zou X, Wang G, Gou G, et al. A divide-and-conquer method based ensemble regression model for water quality prediction [C]. International Conference on Rough Sets and Knowledge Technology, Springer, 2013.

[37] Ahmad S, Khan I H, Parida B. Performance of stochastic approaches for forecasting river water quality [J]. Water Research, 2001, 35(18): 4261–4266.

[38] Keogh E, Chakrabarti K, Pazzani M, et al. Dimensionality reduction for fast similarity search in large time series databases [J]. Knowledge and Information Systems, 2001, 3(3): 263–286.

[39] Shatkay H, Zdonik S B. Approximate queries and representations for large data sequences [C]. Data Engineering, 1996. Proceedings of the 12th International Conference on, IEEE, 1996.

第 8 章　基于高斯云变换和模糊时间序列的多粒度水质预测

8.1　引　　言

水不但是人类生存和社会健康发展过程中必不可少的自然资源，而且是生态环境的重要组成部分。水质指标预测作为水资源管理的重要方法和手段，能够为相关部门及时掌握水质变化发展趋势提供科学依据和决策支撑。目前，许多统计分析模型和人工智能方法已成功应用于河流水质指标预测，常用的统计分析模型有 ARIMA 模型[1] 和偏最小二乘回归模型等。然而，统计分析模型的有效性高度依赖于水质指标历史观测数据概率分布假设的合理性，并且统计分析模型对多因素水质预测难度大。以人工神经网络（artifical neural network，ANN）[2-4]、支持向量机（support vector machine，SVM）[5-7] 及其扩展衍生模型为代表的机器学习方法[8-11] 近年来在水质预测中得到了广泛的应用，这类模型对高质量的水质时间序列数据集具有较好的建模能力和预测精度。然而在实际应用中的水质时间序列通常具有不精确性、不完整性、随机性等特性，即该类水质时间序列数据预测中存在亦此亦彼、模糊不清的不确定性问题，基于精确数据的时间序列预测模型将不能直接用于这类水质预测问题的分析。其中对论域分区的研究一直是模糊时间序列理论的热点，合适的分区能够提高预测精度。从发表的研究成果来看，主要有等长划分方法[12-14]、基于数据分布的划分方法[15-18]、基于优化理论的划分方法[19-22] 以及基于聚类的划分方法[23-27]。

结合水质预测中的时间序列近似周期性，本章提出一种基于高斯云变换和模糊时间序列（Gaussian cloud transformation-fuzzy time series，GCT-FTS）的多粒度水质预测模型。该模型采用启发式高斯云变换算法将数值型的定量历史观测数据粒化成多个高斯云（定性概念），得到模糊时间序列的论域分区，该软论域分区方法解决了相邻两个分区间边界区域的亦此亦彼不确定性问题。在构建模糊逻辑关系的过程中融合时间序列的近似周期性，利用时间序列数据本身的内在特征，去除噪声模糊逻辑关系，提高预测模型的精度和鲁棒性。实验验证部分将该方法运用于溶解氧（DO）和高锰酸盐指数（chemical oxygen demand in manganese，COD_{Mn}）水质时间序列预测问题，获得了高精度的预测结果。本章所述的水质预测方法，在水资源领域顶级期刊 *Journal of Hydrology* 上关于河流水质人工智能模型的综述论文中，被列为基于模糊集的预测模型之一并给予了详细介绍[28]。

8.2　高斯云变换

人类在思考和分析问题时往往需要根据实际需求在不同的粒度层次上对原始问题进行抽象和推理，并且自然地在多个粒度层次之间实现概念切换。为了模拟人类思考问题的自适应过程，实现变粒度的概念切换，李德毅和杜鹃提出了高斯云变换概念[29]，并给出了两个变换算法：启发式高斯云变换和自适应高斯云变换。高斯云变换是在高斯变换的基础上，利用相邻两个高斯分布的交叠程度，计算高斯云的熵和超熵，得到每个高斯云（概念）的含混度，实现从高斯变换中的"概念硬划分"到高斯云变换中的"概念软划分"的转化，从而体现相邻概念之间固有的"亦此亦彼性"。

本章主要考虑启发式高斯云变换，其基本思想是：利用先验知识（或者利用交叉验证等机器学习方法）给定高斯云的数量 M，运用高斯变换算法将原始定量数据转变为 M 个高斯分布，并获得相应的期望、标准差和混合系数，其中高斯分布的期望就是高斯云的期望；然后根据相邻两个高斯分布的交叠程度，计算高斯云的熵、超熵和含混度。具体算法描述如下。

输入：高斯云数量 M，定量时间序列 $X\{x_i|i=1,2,\cdots,N\}$，迭代终止阈值 ε。

输出：M 个高斯云的期望、熵、超熵和含混度。

步骤 1：统计定量时间序列 $X\{x_i|i=1,2,\cdots,N\}$ 的观测值频度分布

$$h(y_j)=p(x_i), i=1,2,\cdots,N; j=1,2,\cdots,N' \tag{8.1}$$

式中，y 为观测值的论域空间。

步骤 2：初始化 M 个高斯分布的期望、标准差和混合系数。第 $k(k=1,\cdots,M)$ 个高斯分布的期望 u_k、标准差 σ_k 和混合系数 a_k 分别设定为

$$u_k=\frac{k\times \max(X)}{M+1} \tag{8.2}$$

$$\sigma_k=\max(X) \tag{8.3}$$

$$a_k = \frac{1}{M} \tag{8.4}$$

步骤 3：计算目标优化函数 $J(\theta)$。具体如下：

$$J(\theta) = \sum_{i=1}^{N'} \left\{ h(y_i) \times \ln \sum_{k=1}^{M} \left[a_k g\left(y_i; u_k, \sigma_k^2\right) \right] \right\} \tag{8.5}$$

其中，

$$g\left(y_i; u_k, \sigma_k^2\right) = \frac{1}{\sqrt{2\pi}\sigma_k} \mathrm{e}^{-\frac{(y_i - u_k)^2}{2\sigma_k^2}} \tag{8.6}$$

步骤 4：根据极大似然估计和期望最大化算法迭代优化求解，第 $k(k = 1, \cdots, M)$ 个高斯分布的具体参数更新为

$$u_k = \frac{\sum\limits_{i=1}^{N} L_k(x_i) x_i}{\sum\limits_{i=1}^{N} L_k(x_i)} \tag{8.7}$$

$$\sigma_k^2 = \frac{\sum\limits_{i=1}^{N} L_k(x_i)(x_i - u_k)^{\mathrm{T}}(x_i - u_k)}{\sum\limits_{i=1}^{N} L_k(x_i)} \tag{8.8}$$

$$a_k = \frac{1}{N} \sum_{i=1}^{N} L_k(x_i) \tag{8.9}$$

其中，

$$L_k(x_i) = \frac{a_k g\left(x_i; u_k, \sigma_k^2\right)}{\sum\limits_{n=1}^{M} \left(a_n g\left(x_i; u_n, \sigma_n^2\right)\right)} \tag{8.10}$$

式中，g 为多维高斯分布的概率密度函数；a_n 为权重系数；u_n 为均值；σ_n^2 为协方差矩阵。

步骤 5：重新计算目标优化函数的估计值 $J\left(\tilde{\theta}\right)$，并判断新目标优化函数与原始目标优化函数之间的差异。具体如下：

$$J\left(\tilde{\theta}\right) = \sum_{i=1}^{N'} \left\{ h(y_i) \times \ln \sum_{k=1}^{M} \left[a_k g\left(y_i; u_k, \sigma_k^2\right) \right] \right\} \tag{8.11}$$

如果 $\left| J\left(\tilde{\theta}\right) - J(\theta) \right| < \varepsilon$，则算法跳至步骤 6；否则，算法重新跳至步骤 3。

步骤 6：对第 $k\,(k=1,\cdots,M)$ 个高斯云，计算其对应高斯分布标准差的缩放比 α_k，具体如下：

$$u_{k-1} + 3\alpha_1\sigma_{k-1} = u_k - 3\alpha_1\sigma_k \tag{8.12}$$

$$u_k + 3\alpha_2\sigma_k = u_{k+1} - 3\alpha_2\sigma_{k+1} \tag{8.13}$$

$$\alpha_k = \min\,(\alpha_1, \alpha_2) \tag{8.14}$$

式中，α_1 为第 k 个高斯分布与其左侧相邻高斯分布之间弱外围区不交叠的缩放比；α_2 为第 k 个高斯分布与其右侧相邻高斯分布之间弱外围区不交叠的缩放比。

步骤 7：对第 $k\,(k=1,\cdots,M)$ 个高斯云，计算其最终的参数：

$$E_{xk} = u_k \tag{8.15}$$

$$\mathrm{En}_k = (1 + \alpha_k) \times \sigma_k/2 \tag{8.16}$$

$$\mathrm{He}_k = (1 - \alpha_k) \times \sigma_k/6 \tag{8.17}$$

$$\mathrm{CD}_k = (1 - \alpha_k)/(1 + \alpha_k) \tag{8.18}$$

经过上述步骤 1 至步骤 7，最终可得到 M 个高斯云 $C(E_{xk},\mathrm{En}_k,\mathrm{He}_k)$ 及其相应的概念含混度 CD_k，$k=1,2,\cdots,M$。其中，概念含混度 CD_k 表征了高斯云分布偏离高斯分布的程度。

8.3　多粒度水质预测模型

本节提出一个基于高斯云变换、模糊时间序列和时间序列近似周期的多粒度水质预测模型高斯云变换与模糊时间序列（Gaussian cloud transformation and fuzzy time series, GDT-FTS）。由图 8.1 可知，GCT-FTS 方法可分为四个阶段：①基于启发式高斯云变换算法，将原始时间序列的数值型定量历史观测数据粒化抽象成若干个高斯云（定性概念），进而得到模糊时间序列的论域分区；②计算待预测水质指标时间序列的近似周期长度 L，根据 L 构造训练集，减少"噪声数据"对预测的影响；③执行模糊时间序列预测模型，包括根据阶段①中得到的高斯云定义模糊集合、模糊化历史时间序列、建立模糊逻辑关系（组）和去模糊化；④采用自适应期望模型修正预测值。

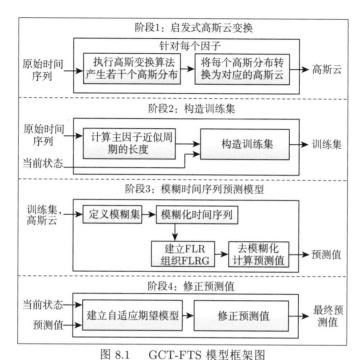

图 8.1　GCT-FTS 模型框架图

FLR（fuzzy logical relation）表示模糊逻辑关系；FLRG（fuzzy logical relation group）表示模糊逻辑关系组

8.3.1　论域分区

由 8.2 节可知，高斯云变换算法的粒化结果依赖于预先设定的高斯云数量 M 和迭代终止阈值 ϵ，迭代次数（即收敛速度）依赖于 M 个高斯分布的期望、标准差和混合系数的初始化。本章采用交叉验证的方法确定高斯云数量 M，迭代终止阈值设为常数，如 $\epsilon = 0.0001$。另外，本书启发式地选择相距最远的 M 个高斯分布来初始化算法参数，具体如下。

(1) 计算时间序列所有观测值的均值，并选择距离该均值最近的点作为第一个高斯分布的"中心点"。

(2) 计算所有观测值到当前已经确定的高斯分布"中心点"集合的距离，选择最大距离对应点作为下一个高斯分布的"中心点"，并将该样本并入"中心点"集合。

(3) 重复步骤 (2) $M-1$ 次，得到 M 个"中心点"。

(4) 将每个观测值指派到离它最近的"中心点"所对应的高斯分布。

(5) 计算每个高斯分布的期望和标准差，并将其作为本章中启发式高斯云变换算法的相应初始化参数。

(6) 统计每个高斯分布的数据量 N_k，且设置混合系数 $a_k = N_k/N$。

图 8.2 展示了上述步骤中"中心点"的选择过程，该时间序列包含 100 个观测值，所有观测值的平均值为 8.55，图中的编号表示该编号对应的观测值（被标记为红色的点）被选为"中心点"的顺序。最终，不同的水质指标时间序

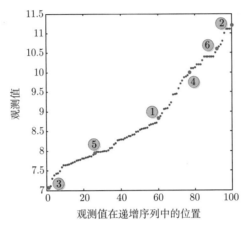

图 8.2　高斯云变换中的"中心点"选择过程

列将被粒化成不同数量的高斯云，例如，对于第 i 个水质指标（或者称因子），历史观测数值时间序列被抽象成 m_i 个高斯云 $C_{i,j}(E_{xi,j}, \text{En}_{i,j}, \text{He}_{i,j})(1 \leqslant i \leqslant p, 1 \leqslant j \leqslant m_i)$，$p$ 是用于预测的水质指标数量（包括主因子和所有次因子）。

8.3.2　近似周期性

时间序列通常具有一定的周期性，尤其是记录自然环境变化过程的时间序列。例如，对于 DO 水质时间序列，以年为周期的 DO 浓度曲线的波峰出现在冬季，波谷出现在夏季；以日为周期的 DO 浓度曲线的最大值通常出现在晚上，最小值出现在白天。因此，本节主要基于时间序列的近似周期构建训练集。

对于需要预测的水质指标（主因子），假设收集的水质指标历史时间序列包含 N 个粗粒度时间单元（如"年"）的数据，每个粗粒度时间单元包含 M 个细粒度的时间单元（如"周"），且假设第 i 个粗粒度时间单元内的时间序列曲线波谷（或者波峰）出现在第 T_i 个细粒度时间单元上，则我们可以构造波谷（或者波峰）发生序列向量 V_w：

$$V_w = \{T_1, T_2, \cdots T_i, \cdots, T_N\}, \quad 1 \leqslant T_i \leqslant M; 1 \leqslant i \leqslant N \tag{8.19}$$

计算该时间序列的近似周期长度 $L = \lfloor \text{STD}/2 \rfloor \times 2$，其中，STD 是向量 V_w

的标准差。假设下一个需要预测的细粒度时间单元为第 t 个时间单元，则第 $t-1$ 个时间单元的观测值被称为"当前状态"，并且每个粗粒度时间单元内区间 $[t-1-L/2,\ t-1+L/2]$ 上的观测值将被选用构建训练集。

举个例子，实验部分重庆朱沱站点的 DO 时间序列数据采集频率为每周一次，初始训练集包含 2004~2012 年共九年的周 DO 浓度，时间序列数据曲线每年的波谷分别出现在第 18、28、34、41、31、18、34、19 和 20 周，则波谷发生序列向量 $V_w = \{18, 28, 34, 41, 31, 18, 34, 19, 20\}$，如图 8.3 所示，被标记为红色的数据点为每年的最小观测值（即波谷）。该 DO 浓度时间序列的近似周期长度 $L=8$，标准差 STD $= 8.55$。假定现在需要预测 2013 年第 5 周的 DO 浓度，则 2013 年第 4 周的数据被称为"当前状态"，且初始数据集中 2004~2012 年落在区间 $[1, 9]$ 内（第 1~9 周）的历史观测值将被用于构建训练集。

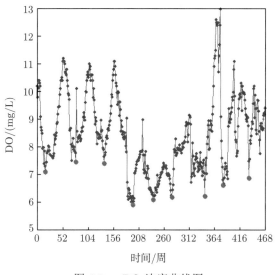

图 8.3　DO 浓度曲线图

8.3.3　模糊时间序列预测模型

典型的模糊时间序列预测模型由四部分构成：①将论域划分为模糊区间；②定义模糊集和模糊化历史时间序列；③构建模糊逻辑关系（组）FLR(G)；④去模糊化并计算预测值。本章，定量的历史观测时间序列已由高斯云变换算法粒化为若干个高斯云，因此，接下来的模糊时间序列预测模型可以直接忽略步骤①，并且为每个高斯云定义相应的模糊集，具体如下。

(1) 定义模糊集和模糊化历史时间序列。

对于第 i 个因子，根据 8.3.1 节得到的 m_i 个高斯云 $C_{i,j}\left(E_{x_{i,j}}, \mathrm{En}_{i,j}, \mathrm{He}_{i,j}\right)$ 定义 m_i 个模糊集：

$$A_{i,1} = 1/C_{i,1} + 0.5/C_{i,2} + 0/C_{i,3} + 0/C_{i,4} + \cdots + 0/C_{i,m_i-1} + 0/C_{i,m_i}$$

$$A_{i,2} = 0.5/C_{i,1} + 1/C_{i,2} + 0.5/C_{i,3} + 0/C_{i,4} + \cdots + 0/C_{i,m_i-1} + 0/C_{i,m_i}$$

$$A_{i,3} = 0/C_{i,1} + 0.5/C_{i,2} + 1/C_{i,3} + 0.5/C_{i,4} + \cdots + 0/C_{i,m_i-1} + 0/C_{i,m_i}$$

$$\vdots$$

$$A_{i,m_i} = 0/C_{i,1} + 0/C_{i,2} + 0/C_{i,3} + 0/C_{i,4} + \cdots + 0.5/C_{i,m_i-1} + 1/C_{i,m_i}$$

$$(8.20)$$

式 (8.20) 中，如果 $i = 1$，则 $A_{1,1}, A_{1,2}, \cdots, A_{1,m_1}$ 称为主因子上定义的模糊集；否则 $A_{1,1}, A_{1,2}, \cdots, A_{1,m_1}(2 \leqslant i \leqslant p)$ 称为第 i 个次因子上定义的模糊集。

根据"最大确定度"原则将历史数值序列模糊化，得到模糊时间序列。例如，对于第 i 个因子，假设时间序列某一时刻的观测值为 $x_{i,t}$，计算 $x_{i,t}$ 对每个高斯云 $C_{i,j}\left(E_{x_{i,j}}, \mathrm{En}_{i,j}, \mathrm{He}_{i,j}\right)$ 的确定度 $u_{i,j}(1 \leqslant j \leqslant m_i)$，不失一般性，假设 $C_{i,\max}$ 为最大确定度 $u_{i,\max}$ 所对应的高斯云，则将样本观测值 $x_{i,t}$ 模糊化为模糊集 $A_{i,\max}$。

(2) 构建模糊逻辑关系（组）FLR(G)。

根据式 $(F_1(t-1), F_2(t-1), \cdots, F_p(t-1)) \to F_1(t)$ 构建一阶多因子 FLR，其中，$F_1(t-1), F_2(t-1), \cdots, F_p(t-1)$ 分别为论域上的模糊时间序列。本章，$F_1(t-1)$ 是待预测的水质指标模糊时间序列（主因子），$F_2(t-1)$，$F_3(t-1), \cdots, F_p(t-1)$ 分别是辅助预测的水质指标模糊时间序列（次因子）。另外，$F_1(t-1), F_2(t-1), \cdots, F_p(t-1)$ 称为"当前状态"，$F_1(t)$ 称为"下一状态"。例如，假设所有因子（包括主因子和次因子）在 $t-1$ 时刻的模糊集分别为 $A_{1,i1}, A_{2,i2}, \cdots, A_{p,ip}$，主因子在 t 时刻的模糊集为 $A_{1,k}$，则可构建一个一阶多因子模糊逻辑关系 $A_{1,i1}, A_{2,i2}, \cdots, A_{p,ip} \to A_{1,k}$。

将所有 FLR 组织成若干个 FLRG。具体地，将具有相同"当前状态"的 FLR 组织到同一个 FLRG。例如，假设存在 r 个"当前状态"为 $A_{1,i1}, A_{2,i2}, \cdots, A_{p,ip}$ 的 FLR：

$$A_{1,i1}, A_{2,i2}, \cdots, A_{p,ip} \rightarrow A_{1,k1}$$

$$A_{1,i1}, A_{2,i2}, \cdots, A_{p,ip} \rightarrow A_{1,k2}$$

$$\vdots \tag{8.21}$$

$$A_{1,i1}, A_{2,i2}, \cdots, A_{p,ip} \rightarrow A_{1,kr}$$

则将这 r 个 FLR 组织为

$$A_{1,i1}, A_{2,i2}, \cdots, A_{p,ip} \rightarrow A_{1,k1}, A_{1,k2}, \cdots, A_{1,kr} \tag{8.22}$$

(3) 去模糊化并计算预测值。

假设 $t-1$ 时刻的"当前状态"为 $A_{1,i1}, A_{2,i2}, \cdots, A_{p,ip}$，则可根据以下规则去模糊化并计算预测值。

规则 1: 如果"当前状态" $A_{1,i1}, A_{2,i2}, \cdots, A_{p,ip}$ 所对应的 FLRG 中只有一个 FLR，即

$$A_{1,i1}, A_{2,i2}, \cdots, A_{p,ip} \rightarrow A_{1,k1} \tag{8.23}$$

则 t 时刻的去模糊化预测值 $P(t)$ 可由下式计算:

$$P(t) = 1/2 \times [E_{x1,k1} + S(t-1)] \tag{8.24}$$

式中，$E_{x1,k1}$ 为模糊集 $A_{1,k1}$ 对应高斯云 $C_{1,k1}$ 的期望; $S(t-1)$ 为主因子在 $t-1$ 时刻的历史观测值。

规则 2: 如果"当前状态" $A_{1,i1}, A_{2,i2}, \cdots, A_{p,ip}$ 所对应的 FLRG 中存在 r 个 FLR，即

$$A_{1,i1}, A_{2,i2}, \cdots, A_{p,ip} \rightarrow A_{1,k1}, A_{1,k2}, \cdots, A_{1,kr} \tag{8.25}$$

则 t 时刻的去模糊化预测值 $P(t)$ 可由下式计算:

$$P(t) = 1/2 \times \left[\frac{\sum\limits_{i=1}^{r} (n_i \times E_{x1,ki})}{\sum\limits_{i=1}^{r} n_i} + S(t-1) \right] \tag{8.26}$$

式中，n_i 为"下一状态"为 $A_{1,ki}$ 的 FLR 在 FLRG 中的频数，$1 \leqslant i \leqslant r$。

规则 3: 如果 FLRG 中不存在"当前状态"为 $A_{1,i1}, A_{2,i2}, \cdots, A_{p,ip}$ 的

FLR，即

$$A_{1,i1}, A_{2,i2}, \cdots, A_{p,ip} \to \# \tag{8.27}$$

式 (8.27) 中的符号 "#" 表示未知模糊集，则 t 时刻的去模糊化预测值 $P(t)$ 可由下式计算：

$$P(t) = 1/2 \times [E_{x1,i1} + S(t-1)] \tag{8.28}$$

8.3.4　自适应期望模型

为了进一步优化模型的预测精度，本书采用自适应期望模型（adaptive expectation model，AEM）修正预测值，计算公式如下：

$$\text{FP}(t) = S(t-1) + h \times [P(t) - S(t-1)] \tag{8.29}$$

式中，$\text{FP}(t)$ 为最终的预测值；h 为权重系数；$P(t)$ 为 8.3.3 节中得到的去模糊化预测值；$S(t-1)$ 为第 $t-1$ 时刻的观测值。

由建模步骤可知，GCT-FTS 模型有以下特点：

(1) 基于高斯云变换的水质时间序列论域 "软划分" 方法可以高效地解决相邻两个分区间边界区域的亦此亦彼不确定性问题。

(2) 利用主因子水质时间序列的近似周期性构建训练集，可以减少 "噪声模糊逻辑关系" 对预测结果的影响，提高模型的预测精度和鲁棒性。

(3) 基于语言值（模糊集）的模糊时间序列水质预测模型可以处理数据的不精确性、随机性等不确定性问题。

(4) 利用自适应期望模型修正最终的预测结果，可以控制预测值的波动范围，保证预测模型的稳定性。

8.4　实验及结果分析

本节通过 DO 和 COD_{Mn} 指数水质指标的时间序列预测实验测试 GCT-FTS 模型的实际应用预测性能。8.4.1 节简单介绍本节所使用的水质指标时间序列数据集；8.4.2 节是实验设置及评价准则简介；8.4.3 节和 8.4.4 节分别是 DO 和 COD_{Mn} 指数时间序列预测验证实验介绍。

8.4.1　实验数据集

本章所选用的水质指标时间序列数据集来源于环境保护部公开的长江上游水质监测数据，公开的监测指标包含 DO、COD_{Mn}、酸碱度（pH）和氨氮（NH₃-N）四种水质指标，采集频率为次/周，采集时间为 2004 年至今。在 GCT-FTS 模型的预测实验中，本书选用重庆朱沱（站点 1）、四川宜宾凉姜沟（站点 2）和四川攀枝花龙洞（站点 3）三个监测站点的 DO 和 COD_{Mn} 指数 10 年（2004~2013 年）的监测数据作为验证数据集。其中，重庆朱沱监测站在四川宜宾凉姜沟监测站下游约 250km 处，四川攀枝花龙洞监测站处于所有监测站点的上游段且距离四川宜宾凉姜沟监测站约 700km；以 2004~2012 年的 DO 和 COD_{Mn} 指数的周监测数据作为训练集，2013 年的监测数据作为测试集。每个监测站点的 DO 和 COD_{Mn} 指数监测数据的统计特征（偏度、标准差、均值、最大值和最小值）如表 8.1 所示。

表 8.1   DO 和 COD_{Mn} 指数时间序列数据集的统计特征列表

参数	站点	偏度	标准差	均值	最大值	最小值
	站点 1	0.4540	1.3594	8.4761	13.0	5.88
DO	站点 2	0.8450	1.3187	8.8865	14.4	5.07
	站点 3	0.9100	0.7479	8.7898	13.9	6.94
	站点 1	2.0988	0.8880	2.0048	7.6	0.7
COD_{Mn}	站点 2	1.9703	1.0207	2.2733	9.8	0.5
	站点 3	1.3755	1.1779	1.6023	6.9	0

8.4.2 实验设置

由于 DO 和 COD_{Mn} 指数对河流的水质情况有重要的指示作用，异常的 DO 或者 COD_{Mn} 指数溶度表示该水体的生态系统是不平衡的，极易引起各种生态环境问题，通常情况下，DO 是一个生态系统有机污染程度的重要指示指标。本书选择这两个水质指标作为本章的预测对象，每个指标被设计为一个单独的验证实验，分别称为 DO 预测实验和 COD_{Mn} 指数预测实验。为了充分利用同一河流中具有上下游关系的不同监测站点之间监测数据的关联性，在每个监测站点的水质指标预测实验中，同时将三个站点的监测数据作为 GCT-FTS 模型的输入数据。例如，在 DO 预测实验中，GCT-FTS 模型的输入由站点 1、站点 2 和站点 3 三个站点的前若干个时刻的溶解氧时间序列构成。

为了比较本章提出的 GCT-FTS 模型的预测精度，本书选择一些经典的（ARMA、RBF-NN、NAR 和 SVM）和新型的（ANN-GT[30] 和 OSM[31]）水质时间序列预测模型作为比较方法。对于站点 $t(t = 1,2,3)$ 的预测实验，ARMA、NAR 和 OSM 预测模型输入部分仅由站点 t 相同监测指标前若干个时刻的时间序列构成；RBF-NN 和 SVM 模型的输入部分和 GCT-FTS 模型相同；在 ANN-GT 模型中，站点 t 的所有水质监测指标以及所有监测站点的相同预测指标的前若干个时刻的时间序列均被用于 Gamma 测试的关键因子选择。

实验结果的评价基于四种统计评价指标：均方误差（mean square error，MSE）、平均绝对百分比误差（mean absolute percentage error，MAPE）、Nash-Sutcliffe 有效系数（coefficient of efficiency，CE）和皮尔逊积矩相关系数（R）。MSE 是模型预测平均误差的评价指标；MAPE 在统计学上衡量了预测模型构造时间序列观测值的精确性；CE 代表一个模型的拟合能力；R 常用于表示模型预测值和实际值之间的线性相关性。MSE 和 MAPE 的值越小、CE 和 R 的值越大，表示模型的预测精度越高。四种统计评价指标的计算表达式见式 (8.30) ~ 式 (8.33)：

$$\text{MSE} = \frac{1}{n} \sum_{i=1}^{n} \left(y_{m,i} - y_{p,i} \right)^2 \tag{8.30}$$

$$\text{MAPE} = \frac{1}{n} \sum_{i=1}^{n} \left| \frac{y_{m,i} - y_{p,i}}{y_{m,i}} \right| \tag{8.31}$$

$$\text{CE} = 1 - \frac{\sum\limits_{i=1}^{n} \left(y_{m,i} - y_{p,i} \right)^2}{\sum\limits_{i=1}^{n} \left(y_{m,i} - \overline{y_m} \right)^2} \tag{8.32}$$

$$R = \frac{\sum\limits_{i=1}^{n} \left(y_{m,i} - \overline{y_m} \right) \left(y_{p,i} - \overline{y_p} \right)}{\sqrt{\sum\limits_{i=1}^{n} \left(y_{m,i} - \overline{y_m} \right)^2 \sum\limits_{i=1}^{n} \left(y_{p,i} - \overline{y_p} \right)^2}} \tag{8.33}$$

式 (8.30) ~ 式 (8.33) 中，n 为需要预测的数据量；$y_{m,i}$ 和 $y_{p,i}$ 分别为时间序列第 i 时刻的实际值和预测值；$\overline{y_m}$ 和 $\overline{y_p}$ 则分别为实际值和预测值的平均值。

8.4.3　DO 预测实验

DO 预测验证实验的数据集包含三个监测站点的 DO 监测数据，其时间序列曲线图如图 8.4 所示。实验中，GCT-FTS 水质时间序列预测模型的预测对象分别是三个监测站点的 DO 时间序列。多因子 GCT-FTS 模型可被形

式化为如下公式:

$$DO - N = f_{GCT-FTS}(DO - 1, DO - 2, DO - 3) \tag{8.34}$$

式中,$DO - N$ 为站点 $N(N = 1, 2, 3)$ 的 DO 时间序列;$f_{GCT-FTS}$ 为构造的 GCT-FTS 预测器。

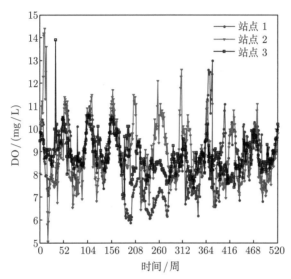

图 8.4   三个站点的 DO 时间序列曲线图

通常情况,下游水质污染情况严重受上游某地区污染物排放量的影响,因此下游监测站点的监测数据在某种程度上能够反映上游监测站点的水质质量。为了充分利用不同监测站点之间监测数据的关联性,本书在三个站点的数据集上分别构建了 3-因子 GCT-FTS 模型、2-因子 GCT-FTS 模型和单因子 GCT-FTS 模型。实验结果见表 8.2 ~ 表 8.4,表中第一列为多(单)因子 GCT-FTS 预测模型的输入参数;第二列为高斯云变换中的不同因子的高斯云数量,即 GCT-FTS 预测模型中每个因子的模糊集数量;第 3~6 列分别是评估模型预测性能的四种统计评价指标。表 8.2 中的结果表明,输入参数由 DO-1 和 DO-2 构成的 2-因子 GCT-FTS 预测模型在站点 1 的 DO 预测中获得了最高的预测精度,即监测站点 2 的 DO 时间序列对预测站点 1 的 DO 具有正向促进作用,且相对重要性程度高于站点 3 的 DO 时间序列。从表 8.3 可以看出,站点 2 的 DO 预测中精度最高的模型是由 DO-2 和 DO-3 构成输入参数的 2-因子 GCT-FTS 预测模型,也就是说,站点 2 和站点 3 的 DO

时间序列的关联性强于站点 1。表 8.4 显示，由 DO-3、DO-1 和 DO-2 共同构成输入部分的 3-因子 GCT-FTS 预测模型获得了最好的预测性能，这意味着站点 1 和站点 2 的 DO 时间序列均对预测站点 3 的 DO 具有重要的促进作用。另外，三个站点的 DO 预测的平均 MSE、平均 MAPE、平均 CE 和平均 R 分别是 0.1349、3.1663[①]、0.8188 和 0.9090，这些实验结果表明 GCT-FTS 预测模型能够较好地适应 DO 水质指标的进一步向前预测，有较高的预测精度。

表 8.2　GCT-FTS 模型在站点 1 的 DO 预测结果

输入参数	云模型个数	MSE	MAPE/%	CE	R
DO-1	$m_1 = 12$	0.1339	3.1888	0.8479	0.9213
DO-1, DO-2	$m_1 = 11, m_2 = 6$	0.1317	3.1740	0.8504	0.9230
DO-1, DO-3	$m_1 = 12, m_3 = 8$	0.1397	3.2774	0.8414	0.9189
DO-1, DO-2, DO-3	$m_1 = 18, m_2 = 16, m_3 = 8$	0.1339	3.2435	0.8473	0.9245

表 8.3　GCT-FTS 模型在站点 2 的 DO 预测结果

输入参数	云模型个数	MSE	MAPE/%	CE	R
DO-2	$m_2 = 6$	0.2332	4.3700	0.7547	0.8801
DO-2, DO-1	$m_2 = 19, m_1 = 12$	0.2221	4.2443	0.7663	0.8882
DO-2, DO-3	$m_2 = 6, m_3 = 6$	0.2105	4.1792	0.7785	0.8917
DO-2, DO-1, DO-3	$m_2 = 6, m_1 = 8, m_3 = 19$	0.2135	4.2635	0.7753	0.8873

表 8.4　GCT-FTS 模型在站点 3 的 DO 预测结果

输入参数	云模型个数	MSE	MAPE/%	CE	R
DO-3	$m_3 = 15$	0.0513	1.9584	0.8372	0.9168
DO-3, DO-1	$m_3 = 10, m_1 = 5$	0.0505	1.9514	0.8396	0.9166
DO-3, DO-2	$m_3 = 21, m_2 = 8$	0.0513	2.0649	0.8370	0.9168
DO-3, DO-1, DO-2	$m_3 = 7, m_1 = 12, m_2 = 16$	0.0474	1.9546	0.8495	0.9223

值得注意的是：在表 8.2 ~ 表 8.4 中，所有多因子 GCT-FTS 模型的每个因子时间序列被粒化为不同数量的高斯云，即每个因子的粒度不一样，所有因子的不同粒层构成一个多粒度预测层次结构，最终 GCT-FTS 模型在这个多粒度空间中实现高精度的水质预测。

---

① 本节中关于 MSE、MAPE、CE 和 R 值的均值报道与依据图中标出的数据计算结果有偏差，其原因为均值计算是在对预测结果评价指标进行舍入之前完成的。例如此处依据表 8.2~ 表 8.4 中数据计算结果是 3.1558。下同。

　　为了比较 GCT-FTS 模型的 DO 预测精度，本书将 GCT-FTS 模型在三个站点的评价结果与 ARMA、RBF-NN、NAR、SVM、ANN-GT 和 OSM 水质时间序列预测模型进行比较，比较方法的实验相关设置参见上一小节，比较结果见图 8.5。图 8.5(a) 显示，在站点 1 的 DO 预测中，GCT-FTS 模型的 MSE 和 MAPE 明显低于其他所有比较方法，且 CE 和 R 高于其他方法。所选六种比较方法的平均 MSE、平均 MAPE、平均 CE 和平均 R 分别是 0.1572、3.4024、0.8212 和 0.9079，由此，GCT-FTS 模型相对于比较方法的四种评价指标分别提升/降低了 16.22%、6.82%、3.56% 和 1.66%。从图 8.5(b) 可以发现，不同模型在站点 2 的 DO 浓度预测中具有较大差别的精度，但 GCT-FTS 模型仍然获得了四种评价指标的最好性能，即 GCT-FTS 模型具有最小的 MSE、MAPE 和最大的 CE、R。另外，所选 6 种比较方法的平均 MSE、平均 MAPE、平均 CE 和平均 R 分别是 0.2414、4.3578、0.7461 和 0.8692，GCT-FTS 模型的 MSE 和 MAPE 分别降低了 12.80% 和 4.10%，同时 CE 和 R 分别提高了 4.34% 和 2.59%。图 8.5(c) 显示，所有方法在站点 3 的 DO 预测中均获得了不错的预测精度，比较方法的平均 MSE、平均 MAPE、平均 CE 和平均 R 分别是 0.0548、2.0779、0.8289 和 0.9158，GCT-FTS 模型的四种评价指标分别改善了 13.69%、6.37%、2.49% 和 0.71%。

　　图 8.5 中的三个比较结果表明，和已有的 6 种预测方法相比，GCT-FTS 模型的四种评价指标分别平均提升了 14.24%、5.76%、3.46% 和 1.65%，即 GCT-FTS 模型是一个有效的、高精度的 DO 时间序列预测模型。

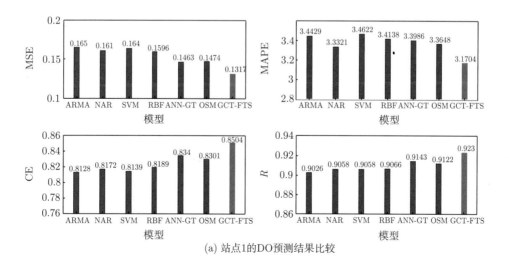

(a) 站点1的DO预测结果比较

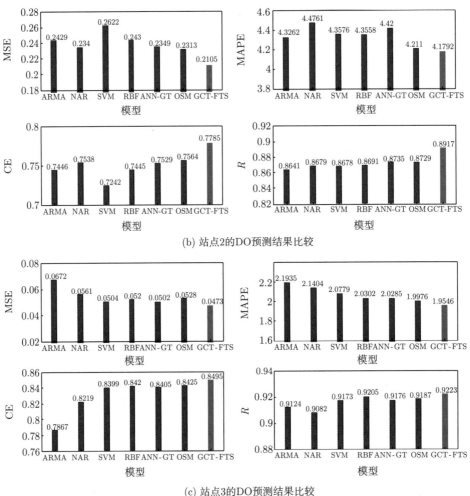

(b) 站点2的DO预测结果比较

(c) 站点3的DO预测结果比较

图 8.5   DO 预测结果比较

8.4.4 COD_{Mn} 指数预测实验

该部分的数据集包含三个监测站点的 COD_{Mn} 指数监测数据，其时间序列曲线如图 8.6 所示，且在实验中 GCT-FTS 预测模型的预测对象分别是三个监测站点的 COD_{Mn} 指数时间序列。实验中的 GCT-FTS 模型可被形式化为如下公式：

$$COD_{Mn} - N = f_{GCT\text{-}FTS}(COD_{Mn} - 1, COD_{Mn} - 2, COD_{Mn} - 3) \quad (8.35)$$

式中，$COD_{Mn} - N$ 为站点 $N(N = 1,2,3)$ 的 COD_{Mn} 指数时间序列；$f_{GCT\text{-}FTS}$

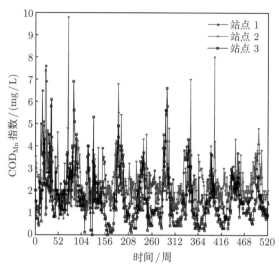

图 8.6 三个站点的高锰酸盐指数时间序列曲线图

为构造的 GCT-FTS 预测器。

实验中, 本书在三个站点的监测数据集上分别构建了 3-因子 GCT-FTS 预测模型、2-因子 GCT-FTS 预测模型和单因子 GCT-FTS 预测模型, 实验结果见表 8.5 ~ 表 8.7。表 8.5 和表 8.7 显示, 由 COD_{Mn}-1、COD_{Mn}-2 和 COD_{Mn}-3 共同构成输入参数的 3-因子 GCT-FTS 预测模型在站点 1 和站点 3 的 COD_{Mn} 指数预测中获得了最好的预测性能, 即三个站点的监测数据均对预测站点 1 和 3 的 COD_{Mn} 指数具有重要影响。表 8.5 中, 输入参数为 COD_{Mn}-2 和 COD_{Mn}-3 的 2-因子 GCT-FTS 预测模型获得了最高的预测精度。也就是说, 站点 3 的 COD_{Mn} 指数时间序列对预测站点 2 的 COD_{Mn} 指数更重要。三个站点的 COD_{Mn} 指数预测的平均 MSE、平均 MAPE、平均 CE 和平均 R 分别是 0.1170、13.5156、0.7448 和 0.8701。这些结果说明, GCT-FTS 预测模型能够高效地执行 COD_{Mn} 指数预测任务。另外, 与 DO 预测实验一样, 所有多因子 GCT-FTS 预测模型均是在多粒度层次结构中实现的高精度预测。

表 8.5 GCT-FTS 模型在站点 1 的 COD_{Mn} 指数预测结果

输入参数	云模型个数	MSE	MAPE/%	CE	R
COD_{Mn}-$N(N=1)$	$m_1 = 17$	0.1339	14.3343	0.7431	0.8629
COD_{Mn}-$N(N=1,2)$	$m_1 = 25, m_2 = 6$	0.0996	13.6980	0.8090	0.9003
COD_{Mn}-$N(N=1,3)$	$m_1 = 20, m_3 = 23$	0.1144	13.2556	0.7806	0.8850
COD_{Mn}-N(N=1,2,3)	$m_1 = 22, m_2 = 6, m_3 = 23$	0.0938	12.6279	0.8200	0.9059

表 8.6   GCT-FTS 模型在站点 2 的 COD$_{Mn}$ 指数预测结果

输入参数	云模型个数	MSE	MAPE/%	CE	R
COD$_{Mn}$-$N(N=2)$	$m_2 = 5$	0.1853	11.4677	0.7092	0.8442
COD$_{Mn}$-$N(N=1,2)$	$m_2 = 5, m_1 = 6$	0.1899	11.4282	0.7020	0.8408
COD$_{Mn}$-$N(N=2,3)$	$m_2 = 5, m_3 = 16$	0.1726	10.6766	0.7292	0.8631
COD$_{Mn}$-$N(N=1,2,3)$	$m_2 = 5, m_1 = 9, m_3 = 10$	0.1729	10.7295	0.7286	0.8595

表 8.7   GCT-FTS 模型在站点 3 的 COD$_{Mn}$ 指数预测结果

输入参数	云模型个数	MSE	MAPE/%	CE	R
COD$_{Mn}$-$N(N=3)$	$m_3 = 13$	0.0692	16.9065	0.6888	0.8488
COD$_{Mn}$-$N(N=1,3)$	$m_3 = 25, m_1 = 17$	0.0545	15.4549	0.7548	0.8883
COD$_{Mn}$-$N(N=2,3)$	$m_3 = 9, m_2 = 10$	0.0638	16.1203	0.7133	0.8600
COD$_{Mn}$-$N(N=1,2,3)$	$m_3 = 10, m_1 = 8, m_2 = 5$	0.0537	15.4875	0.7584	0.8821

进一步，本书比较了 GCT-FTS 预测模型和 ARMA、RBF-NN、NAR、SVM、ANN-GT 和 OSM 六种水质时间序列预测模型在所有站点的 COD$_{Mn}$ 指数预测精度，实验结果见图 8.7。图 8.7(a) 显示了 GCT-FTS 模型和其他六种预测方法在站点 1 的 COD$_{Mn}$ 指数预测的比较结果，显然，GCT-FTS 预测模型具有最小的 MSE、MAPE 以及最大的 CE、R，且六种比较模型的平均 MSE、平均 MAPE、平均 CE 和平均 R 分别为 0.1423、15.3293、0.7271 和 0.8641，GCT-FTS 模型预测结果的统计评价指标相对于这六种模型的平均值分别改善了 34.04%、17.62%、12.78% 和 4.83%。根据图 8.7(b)，可以计算六种比较模型在站点 2 的 COD$_{Mn}$ 指数预测的平均 MSE、平均 MAPE、平均 CE 和平均 R，其值分别为 0.2118、12.1098、0.6676 和 0.8490。通过应用

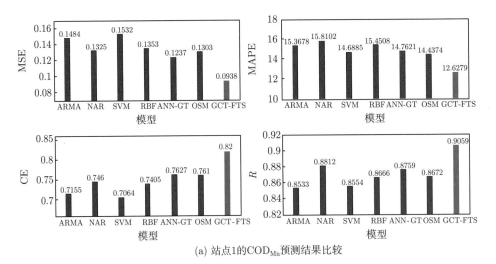

(a) 站点1的COD$_{Mn}$预测结果比较

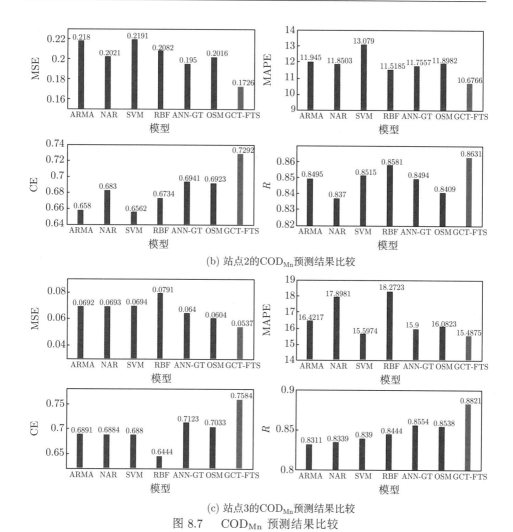

(b) 站点2的COD_{Mn}预测结果比较

(c) 站点3的COD_{Mn}预测结果比较

图 8.7 COD_{Mn} 预测结果比较

GCT-FTS 预测模型,MSE、MAPE 可以分别下降 18.55%、11.84%,CE、R 可以分别提高 9.22%、1.66%。图 8.7(c) 显示,GCT-FTS 预测模型在站点 3 的 COD_{Mn} 指数预测精度优于六种比较方法,且相对于平均 MSE、平均 MAPE、平均 CE 和平均 R 分别为 0.0717、17.0474、0.6775 和 0.8371,GCT-FTS 预测模型的四种统计评价指标分别改进了 25.10%、9.15%、11.95% 和 5.38%。

另外,GCT-FTS 预测模型在所有三个站点 COD_{Mn} 指数预测的四种统计评价指标分别平均改进了 25.90%、12.87%、11.31% 和 3.96%。综上所述,GCT-FTS 模型能够很好地预测 COD_{Mn} 指数水质指标。

8.5　本章小结

针对水质时间序列预测中的模糊不清、亦此亦彼不确定性问题，本章结合时间序列中的近似周期性，提出一种基于高斯云变换和模糊时间序列的多粒度水质预测（GCT-FTS）模型。GCT-FTS 模型利用启发式高斯云变换粒化历史观测水质时间序列，得到模糊时间序列的论域分区，该软论域分区方法能够较好地处理相邻两个分区间边界区域的亦此亦彼不确定性问题。基于时间序列的近似周期性构建训练集，利用时间序列数据本身的内在特征，去除噪声模糊逻辑关系，提高了预测模型的精度和鲁棒性。另外，多因子 GCT-FTS 模型的不同因子通常被粒化为不同粒度的高斯云，整个预测过程由多个粒度层次共同完成。实验验证部分将该模型运用于长江上游部分监测站点的 DO 和 COD_{Mn} 指数水质时间序列预测，获得了高精度的预测结果。

参 考 文 献

[1] Box G E, Jenkins G M, Reinsel G C, et al. Time Series Analysis: Forecasting and Control [M]. Hoboken: John Wiley & Sons, 2015.

[2] Yan W. Toward automatic time-series forecasting using neural networks [J]. IEEE Transactions On Neural Networks And Learning Systems, 2012, 23(7): 1028–1039.

[3] Wang L, Zeng Y, Chen T. Back propagation neural network with adaptive differential evolution algorithm for time series forecasting [J]. Expert Systems with Applications, 2015, 42(2): 855–863.

[4] Chandra R. Competition and collaboration in cooperative coevolution of elman recurrent neural networks for time-series prediction [J]. IEEE Transactions on Neural Networks and Learning Systems, 2015, 26(12): 3123–3136.

[5] Miranian A, Abdollahzade M. Developing a local least-squares support vector machines-based neuro-fuzzy model for nonlinear and chaotic time series prediction [J]. IEEE Transactions on Neural Networks and Learning Systems, 2012, 24(2): 207–218.

[6] Chen T T, Lee S J. A weighted ls-svm based learning system for time series forecasting [J]. Information Sciences, 2015, 299: 99–116.

[7] Ristanoski G, Liu W, Bailey J. A time-dependent enhanced support vector machine for time series regression [C]. Proceedings of the 19th ACM SIGKDD International Conference on Knowledge Discovery and Data Mining, 2013.

[8] Wu J, Lu J, Wang J. Application of chaos and fractal models to water quality time series prediction [J]. Environmental Modelling & Software, 2009, 24(5): 632–636.

[9] Moosavi V, Vafakhah M, Shirmohammadi B, et al. A wavelet-anfis hybrid model for groundwater level forecasting for different prediction periods [J]. Water Resources Management, 2013, 27(5): 1301–1321.

[10] Verma A, Wei X, Kusiak A. Predicting the total suspended solids in wastewater: A data-mining approach [J]. Engineering Applications of Artificial Intelligence, 2013, 26(4): 1366–1372.

[11] Liu S, Xu L, Jiang Y, et al. A hybrid wa–cpso-lssvr model for dissolved oxygen content prediction in crab culture [J]. Engineering Applications of Artificial Intelligence, 2014, 29: 114–124.

[12] Chen S M. Forecasting enrollments based on fuzzy time series [J]. Fuzzy Sets and Systems, 1996, 81(3): 311–319.

[13] Song Q, Chissom B S. Fuzzy time series and its models [J]. Fuzzy Sets and Systems, 1993, 54(3): 269–277.

[14] Song Q, Chissom B S. Forecasting enrollments with fuzzy time series—part i [J]. Fuzzy Sets and Systems, 1993, 54(1): 1–9.

[15] Huarng K. Effective lengths of intervals to improve forecasting in fuzzy time series [J]. Fuzzy Sets and Systems, 2001, 123(3): 387–394.

[16] Huarng K, Yu T H K. Ratio-based lengths of intervals to improve fuzzy time series forecasting [J]. IEEE Transactions on Systems, Man, and Cybernetics, Part B (Cybernetics), 2006, 36(2): 328–340.

[17] Chen M Y, Chen B T. Online fuzzy time series analysis based on entropy discretization and a fast fourier transform [J]. Applied Soft Computing, 2014, 14: 156–166.

[18] Chen M Y, Chen B T. A hybrid fuzzy time series model based on granular computing for stock price forecasting [J]. Information Sciences, 2015, 294: 227–241.

[19] Chen S M, Chung N Y. Forecasting enrollments using high-order fuzzy time series and genetic algorithms [J]. International Journal of Intelligent Systems, 2006, 21(5): 485–501.

[20] Kuo I H, Horng S J, Kao T W, et al. An improved method for forecasting enrollments based on fuzzy time series and particle swarm optimization [J]. Expert Systems with Applications, 2009, 36(3): 6108–6117.

[21] Yolcu U, Egrioglu E, Uslu V R, et al. A new approach for determining the length of intervals for fuzzy time series [J]. Applied Soft Computing, 2009, 9(2): 647–651.

[22] Egrioglu E, Aladag C H, Yolcu U, et al. Finding an optimal interval length in high order fuzzy time series [J]. Expert Systems with Applications, 2010, 37(7): 5052–5055.

[23] Wang N Y, Chen S M. Temperature prediction and taifex forecasting based on automatic clustering techniques and two-factors high-order fuzzy time series [J]. Expert Systems with Applications, 2009, 36(2): 2143–2154.

[24] Li S T, Cheng Y C, Lin S Y. A fcm-based deterministic forecasting model for fuzzy time series [J]. Computers & Mathematics with Applications, 2008, 56(12): 3052–3063.

[25] Bang Y K, Lee C H. Fuzzy time series prediction using hierarchical clustering algorithms [J]. Expert Systems with Applications, 2011, 38(4): 4312–4325.

[26] Chen S M, Tanuwijaya K. Fuzzy forecasting based on high-order fuzzy logical relationships and automatic clustering techniques [J]. Expert Systems with Applications, 2011, 38(12): 15425–15437.

[27] Wang L, Liu X, Pedrycz W, et al. Determination of temporal information granules to improve forecasting in fuzzy time series [J]. Expert Systems with Applications, 2014, 41(6): 3134–3142.

[28] Tiyasha T, Tung T M, Yaseen Z M, et al. A survey on river water quality modelling using artificial intelligence models: 2000—2020 [J]. Journal of Hydrology, 2020, 585: 124670.

[29] 李德毅, 杜鹢. 不确定性人工智能 [M]. 2 版. 北京: 国防工业出版社, 2005.

[30] Chang F J, Tsai Y H, Chen P A, et al. Modeling water quality in an urban river using hydrological factors−data driven approaches [J]. Journal of Environmental Management, 2015, 151: 87–96.

[31] Arya F K, Zhang L. Time series analysis of water quality parameters at stillaguamish river using order series method [J]. Stochastic Environmental Research and Risk Assessment, 2015, 29(1): 227–239.